Inhalt

TEIL 2

TEIL 3

Entscheide Dich ab jetzt für

die erste Wahl!

Widmung

Ich schreibe jedes Wort, jeden Satz und Absatz, jedes Kapitel und jeden Teil dieses Buches für alle Frauen dieser Erde. Möge der Inhalt dieses Buches Sie als Frau und einzigartiger Mensch dazu ermutigen, selbstständig zu sein im allumfassenden Sinn eines selbstständigen Lebens.

Meine Stimme richte ich an alle Gründerinnen dieser Welt. Möge sie Ihnen Bestärkung darin sein, sich zu erinnern, wer Sie sind und was Sie zu geben haben und dass das Geben immer vor dem Empfangen steht, auch wenn das Empfangen dem Geben innewohnt.

Ehre erweise ich allen Unternehmerinnen und selbstständigen Frauen, die mit ihrer liebenden Präsenz und Klarheit dieses Jahrhundert mitgestalten, und all jenen Frauen, die vor uns waren und mit ihrer Kraft und Entschlossenheit das Leben ihrer Nachkommen lebenswerter gemacht haben.

Insbesondere wende ich mich an Sie, liebe Berliner Frauen, Gründerinnen und Unternehmerinnen. Auf dass durch Sie aus dem Herzen Deutschlands die vereinende Kraft der Liebe in die Welt strömt, die, wie diese Stadt, einst eins war, dann schmerzlich getrennt und letztlich wieder mit sich und mit allen in ihr lebenden Menschen vereint wurde. Möge diese Liebe und Ihr Bewusstsein dazu beitragen, weitere Welten zu vereinen und sich in Vorbehaltlosigkeit zu üben, und von Mensch zu Mensch den Einklang zu fühlen, der alle Menschen aller Nationen, Kulturen und Geschlechter liebend miteinander vereint. Denn schauen wir genau hin, erkennen wir im

Fremden da draußen das Fremde in uns selbst. Wir fühlen es, sobald wir uns dem Fremden wirklich zuwenden. Erst dann wird offenbar, wie vertraut es uns ist, ja sogar, dass wir es selbst sind.

Mit diesem Buch wende ich mich Ihnen und allen Menschen dieser Erde zu, auf dass Sie lesen und reflektieren, was hier steht, dass Sie sich sich selbst zuwenden, Ihre ureigenste Wahrheit fühlen und konsequent Ihre Lebens- und Unternehmensräume in Einklang bringen. Sie sind mutig und Sie vermögen es, wenn Sie Ihre Lebenskraft und Ihre bedingungslose Liebe vereinen und adäquate Haltungen und Handlungen folgen lassen.

Aus meiner Sicht ist Selbstständigsein mehr als erfolgreiche Selbstständigkeit im herkömmlichen Sinn. Selbstständigsein ist der natürliche Zustand des Menschen. Und Erfolg ist das, was folgt!

Außerdem widme ich dieses Buch Ihrer und meiner Zuwendungsfähigkeit als lebendige Erinnerung an unser Vermögen, uns selbst und einander in Respekt und Würde begegnen, einander erkennen und Erfolge gestalten zu können, die beispielgebend sind für persönliche wie unternehmerische lebenserhaltende und lebensfördernde Inhalte, Ziele und Bedingungen – für alle, die sind und die nach uns kommen – vor allem für unsere Kinder.

Berlin, im Dezember 2014,
Brigitte Windt

Prolog

Was ich zu sagen habe, ist ganz einfach, weder unbekannt noch eine Revolution – und doch ist es neu, weil von mir zutiefst erfahren und ureigenst geprägt, Inhalt, Ziel, Sinn und Erfolg meiner Arbeit darstellend, vielen Menschen vermittelt und jetzt durch mich geschrieben mit meinen Worten und meiner Ambition. Für Sie! Damit Sie neu lesen und sich selbst neu inspirieren können.

Dieses Buch möchte Sie daran erinnern, was Leben ist und wer Sie sind und was sein will. Es möchte Sie zum Bekenntnis aufrufen, sich selbst zu folgen in einem Selbstständigsein, das so frei und verbindlich ist wie das Leben selbst. Weil es von Liebe getragen ist und von ihr genährt.

Wie das Buch zu verwenden ist? Es möchte Ihr Begleiter sein in schwachen und in starken Stunden, es möchte Ratgeber sein für Suchende und Wissende. Bücher zu lesen ist keine Kunst. Ihre Inhalte zu prüfen und gelebtes Leben zu spüren, erst das gibt ihnen ihren Sinn, denn sonst wäre jedes Buch ein Monolog. An dieses Buch habe ich den Anspruch und an Sie, liebe Leserinnen und Leser, die Bitte, dass es ein Gespräch ist zwischen Ihnen und mir sowie Ihnen und anderen. Das Buch möchte mit Ihnen sein, Sie begleiten in Ihr Büro und Sie wie der goldene Stuhl höchstpersönlich dazu einladen, sich Ihrer selbst gewahr zu sein, aus Ihrem Herzen zu schöpfen und Lösungen zu schaffen, die wirklich neu sind in unserer Zeit.

Die Wahrheit und die Weisheit des Lebens sind einfach. Menschen können wunderbar verkomplizieren, was einfach ist. Sie können sich aber auch dem Einfachen zuwenden. Dann wird es wesentlich. Dann werden Sie selbst wesentlich. Und dann stimmt überein, was in Ihrem Inneren verborgen ist und Sie bewegt, und was im Äußeren gestaltet und sichtbar sein will.

Das Leben und das Selbstständigsein haben Form und Namen, damit sie gesehen und gefühlt werden können in ihrem reinen individuellen Format. Bauen wir mit unseren Unternehmungen eine Welt des Friedens und der gegenseitigen Wertschätzung! Lieben wir das Wahre in uns und im Gegenüber, auch im Fremden! Richten wir unseren Blick auf das Wesen, das uns entgegenleuchtet, und fördern es in seiner Art.

Können wir all das sein, ist das Leben einfach. Einfach und wesentlich – und im tiefsten Sinne erfolgreich! Mögen Sie mit diesem Erfolg gesegnet sein und jedes berufliche Unterfangen in dieser Einfachheit gestalten, Ihre Erfolge würdigen und wachsen lassen, auf dass sie weiter gedeihen und sich vermehren zu Ihrem höchsten Wohl und zum Wohl aller Beteiligten, die waren, die sind und die sein werden. Bitte, nehmen Sie dieses Buch beim Wort, denn es will Ihnen dienen, nachhaltig.

TEIL 1

Wie Sie Erfolgsboten erkennen

»Sie können gar nicht anders als erfolgreich sein.
Sie waren es immer und Sie werden es immer sein.
So wie jetzt.«

Erfolg ist das, was folgt! Dieser Ansatz (und ursprünglicher Titel des Buches) ist die Hauptaussage des gesamten Buches. Er stellt Ihnen Erfolg als Entwicklungsprozess im Kontext von Selbstständigsein mit einer klar strukturierten Methode, eigenen persönlichen Geschichten und Geschichten meiner Coachees vor. Ziel ist es, Sie zu ermutigen, eigene Gedanken zu denken und die daraus resultierenden Ideen, Pläne und Konzepte verbindlich umzusetzen. Mit diesem Erfolgskurs lernen Sie eine Sichtweise kennen, die ihren Platz jenseits leistungsbezogener Funktionalität und Anpassung einnimmt und die übliche Klischees von Erfolgsdefinitionen hinter sich lässt.

Die Zeit ist reif für einen grundsätzlichen Strukturwandel. Sie verlangt danach, dass Sie und ich hinsehen und zuhören, damit neue Wahrheiten erkannt werden können. Bisherige ökonomische, politische, soziale und kulturelle Bedingungen sind überaltert. Sie brechen auseinander. Und während sie zerfallen, sprießen mitten in ihren Trümmern neue Keime. Das sind Ideen und Emotionen von zeitgemäßen und zukunftsfähigen Wirtschaftssystemen, sozialen Gefügen und kulturellen Formaten. Das ist der Vorgeschmack von einer neuen Welt, in der individuelles Wohlbefinden in den Köpfen und Herzen der Menschen gegenüber monetärer Gewinnoptimierung einen wachsenden Stellenwert einnimmt und Eigennutz hinter allgemeines Wohl zurücktritt.

Während Medien mehr oder weniger defizitäre Szenarien vom Fortbestand der irdischen Existenz und damit auch von der zukünftigen menschlichen Gesellschaft verbreiten und Wirtschaftsexperten darüber konferieren, welche Ökonomiestrukturen einer Dienstleistungsgesellschaft gerecht werden können, sind Sie und ich gefragt, bestehende Werte, Einstellungen und Haltungen zu überprüfen, damit zeitgemäße Entscheidungen getroffen werden können. Die Frage ist nicht mehr, ob dieser Wandel geschieht, sondern wie Sie und ich dazu beitragen können, dass er sich sanft vollzieht und klug und bewusst gestaltet wird. Was gerne vergessen oder unterschätzt wird, ist, dass Sie als Einzelner immer auch machtvoller Mitgestalter des Ganzen sind, und zwar immer in dem Maße, in dem Sie sich auf sich selbst und Ihre Potenziale einlassen. Bewegen Sie sich als Einzelner, bewegen Sie auch das Ganze. Sie und ich als Individuen besitzen individuelle Macht.

Bei diesem allgemeinen Kontext möchte ich es an dieser Stelle belassen, denn es geht hier primär um Sie als Individuum und um Ihr Bewusstsein für Erfolg. Es geht darum, dass Sie den natürlichen Zustand von Selbstständigsein (wieder) erlangen, der, seit Sie leben, ein wesentlicher Teil von Ihnen ist und den Sie jederzeit (wieder) neu entdecken und entfalten können.

Wenn Sie diesen natürlichen Zustand von Selbstständigsein freilegen und sich zu eigen machen, werden Sie mehr und mehr den üblichen Anpassungsmodus verlassen. (Auf die Inhalte von Anpassungs- und Zentralisierungsmodus gehe ich in Teil 2 des Buches ausführlich ein.) Es kann sein, dass Sie diesen Prozess als Verrat am Alten empfinden oder wie eine Konversion. Vielleicht ist der

Wechsel zum Zentralisierungsmodus für Sie aber so spannend, dass Sie euphorisch werden und andere mitziehen möchten. Auch vieles dazwischen ist möglich. In jedem Fall bedeutet er Veränderung. Sind Sie bereit für Veränderung? Sind Sie bereit, die Macht für Ihr Leben (wieder) in die eigenen Hände zu nehmen? Sind Sie bereit für Ihren Erfolg?

Die hier vorgestellte Methode möchte Bewusstsein wecken für ein natürliches individuelles, kreatives und wirtschaftliches Gleichgewicht, sie ist ein Angebot, das ich im Laufe meiner Praxisjahre mehreren Hundert MandantInnen und Coachees gemacht habe und jetzt auch an Sie richte. Bitte gehen Sie über die reine Theorie hinaus. Prüfen Sie, was Sie hier lesen. Durchdringen Sie das Geschriebene mit Ihrem Geist und wenden Sie es an. Und dann – ich freue mich schon heute auf Ihre Erfolge – schreiben Sie mir und berichten mir und anderen von Ihren Erfahrungen.

Erfolgsboten sind Vorboten des Erfolgs

»Die Dinge fallen nicht vom Himmel,
ohne dass wir unsere Hand im Spiel haben.
Ergebnisse haben Ursachen.
Und wer B sagt, hat schon A gesagt.«

Teil 1 erzählt Geschichten, in denen sich jener Wandel vom alten zum neuen Denken und Handeln ankündigt. Mal sind sie Metapher und mal wahre Ereignisse. Die Geschichten beschreiben, wie sich Vorboten des Erfolgs ankündigen und auf welche Art und Weise Menschen mit ihnen umgehen.

Analoges

So, wie ich mich für den Einfluss des kleinsten Teiles auf das Ganze begeistere, fasziniert mich auch die analoge Verwertung von Standpunkten, Perspektiven und Wahrheiten. Die folgenden Beispiele möchten mit einfachen Worten einen analogen Bogen spannen zwischen Organisationen bzw. Unternehmen, dem physisch/psychischen Aufbau des Menschen und einer spirituellen Dimension. Seien Sie nun gespannt darauf, wie Sie personifizierte Vorboten erkennen können.

Wie Sie Vorboten des Erfolgs erkennen

Wer A sagt, muss auch B sagen! Aha. Was aber, wenn Sie gar nicht mitbekommen, dass Sie A sagen? Und plötzlich stehen Sie vor B und sind fassungslos! Und was, wenn A Ihr Herzenswunsch ist, wenn Ihre tiefste Wahrheit an die Tür klopft und Sie antworten: »Aber doch nicht ich!« Was dann? Dann sagen Sie in Wahrheit zu A: »Ich will dich nicht hören.« Glauben Sie, das bleibt folgenlos? Glauben Sie wirklich, dass B dann ausbleibt? B wird kommen und immer mit Begleitung. Manchmal mit ganzem Hofstaat. Die Herren Zweifel, Minderwert und Frust, die Damen Langeweile, Traurigkeit und Trägheit nehmen Platz in Ihrem Gemüt. Was darauf folgt, mit Frau Zeit im Spiel, überlasse ich lieber den Leugnern und WeghörerInnen. Klagelieder hörte ich schon zu viele.

Ist das richtig? Höre ich Sie fragen, wie es anders gehen kann? Kehren Sie um! Werden Sie von der Weghörerin zur Zuhörerin, vom Leugner zum Bekenner!

Denken Sie gerade darüber nach, wie Sie das anstellen können? Herzenswünsche sprechen nicht im Kopf. Die können Sie fühlen.

Fahren Sie mit dem Fahrstuhl hinunter in die Herzetage. Und bitte allein. Ihren Assistenten, Herrn Denker, lassen Sie oben in Ihrem Büro. Dort angekommen, öffnen Sie die erste Tür und setzen sich auf den goldenen Stuhl. Stift und Papier erwarten Sie schon am runden Tisch aus Ebenholz. Sie atmen aus. Schließen kurz die Augen. Atmen tief ein. Dann schreiben Sie los. Assoziativ. Die Stimme des Herzens diktiert. Das fühlen Sie. Sie fühlen es! Stichworte reichen. Es fließt und sprudelt im 60-Sekunden-Takt für jede Frage. Beginnen Sie mit: »Was ist mein Herzenswunsch?«

Input für Herrn Denker

Assoziatives Schreiben ist effizient!
Täglicher Termin um acht. Bitte eintragen. Bis 8.15 Uhr.
Und stellen Sie den Timer des Smartphones auf 60 Sekunden für die Beantwortung der nächsten Frage.
Und bitte, lächeln Sie!

Sie üben sich jetzt im fühlenden Zuhören. Das ist üblich in der Herzetage. Auch wenn Sie lange nicht mehr dort waren, es wird Ihnen gelingen! Mit der Zeit. Und das heißt: Üben! An jedem Morgen. Und damit meine ich 365 Morgen pro Jahr. Ihr physisches Herz schlägt ja auch jeden Tag, damit Sie leben. Und Herzenswünsche wollen das ebenfalls. Dazu sind sie da. Sie wollen leben!

Je länger Sie trainieren, desto deutlicher fühlen Sie die Stimme des Herzens. Sie werden achtsamer, egal, wo Sie sind. Sobald Herr Denker zu bedenken gibt und Herrn Zweifel auf den Plan ruft, prüfen Sie das. »Moment mal!« Diese Denkpause hat sich schon tausendfach bewährt. Ein kurzer Aufenthalt in der Herzetage, und Sie wissen, was zu tun ist.

An diesem Tag treffen Sie sich zum Austausch mit dem Vertrauen. Es gehört zu Ihren Verbündeten. Es sieht die Chancen und wägt die Risiken ab und bestärkt stets die Stimme des Herzens. Und Herr Denker, was glauben Sie? Er ist heimlich verliebt. In das Vertrauen, weil es so stark ist und ihn fasziniert.

Den letzten Termin des Tages verbringen Sie mit den Vorboten. Einem Dreierteam. Zwei männlich. Einer weiblich. Diese 30-Minuten-Treffen sind höchst erfreulich. Und bedeutsam. Sie werden sehen! Und jetzt stelle ich Ihnen das Team vor.

Das Vorboten-Team von Brigitte

Zunächst geht es hier recht intim zu, denn Sie lernen die ganz persönlichen Vorboten meines Lebens kennen, die mit ihrem einzigartigen Charme dazu beigetragen haben, dass dieses Buch entstehen konnte. Außerdem werden Sie dem Team meiner Coachees im weiteren Verlauf des Buches begegnen und natürlich mit Ihren eigenen Vorboten Bekanntschaft machen. Das verspreche ich Ihnen.

Herr Eigensinn

Ich traf ihn, da war ich drei. Ich stampfte mit dem Fuß auf und ballte meine kleinen Hände zu Fäusten. Zum Entsetzen meiner Mutter. Später knallte ich Türen. Beides hatte Folgen. Für mich. Nicht für Herrn Eigensinn. Er ist autark und wird es bleiben.

Zu sagen hatte ich immer was. Auch noch, als ich schon schrieb. Täglich. Seit ich zwölf war, in Steno und damit geheim für alle, die kein Steno konnten. Später wieder sichtbar und lesbar und im Austausch via Brief. Handgeschrieben. Im letzten Jahrhundert.

All die Jahre schaute das Buch herein. Ich grüßte es zärtlich, verbrachte ein wenig Zeit mit ihm und ließ es dann wieder weiterziehen. Herr Eigensinn war stets dabei. Er mahnte mich. Es sei an der Zeit. Das wusste ich. Doch ich war beschäftigt.

Herr Eigenwille

Dann kam das Web. Jetzt schrieb ich öffentlich, aber kein Buch. Herr Eigensinn stärkte seine Position. Neben ihm stand Herr Eigenwille. Beide machten sich breit in meinem Büro. Sie spazierten durch meine Gedanken, massierten meinen Bauch, belagerten die Herzetage und dozierten in meinen Träumen. Und all das mit meiner Erlaubnis!

Als der Tag kam, an dem ich nickte, sanken beide erleichtert in ihre Sessel. Von dort aus ließen sie mich keinen Moment aus den Augen. Ich ging so weit, dass ich darüber sprach. Mit meinen Freunden. »Ich schreibe jetzt mein Buch!« Fortan schmückte ich die Wände meines Büros mit der Gliederung. Diese explodierte. Dafür würde ich Jahre brauchen! Egal. Ich schrieb. Und besprach sogar erste Texte mit einer Freundin, in deren Buch ich einen Ehrenplatz bekommen hatte.

Frau Eigenbrille

Eines Tages hielt ich Konferenz. Frau Eigenbrille war zugegen und erklärte den Herren Eigensinn und Eigenwille ihre Sicht. Mein Aufwand fürs Schreiben war zum gegebenen Zeitpunkt nicht vertretbar. Sie hatte sich gründlich abgestimmt mit der Finanzabteilung des Hauses und forderte Rechenschaft. Herrn Zweifel hatte sie ebenfalls konsultiert. Sie schlug vor, das Buchprojekt zu vertagen. Sie überzeugte. Und wieder nickte ich. Dieses Mal mit leichter Scham. Bewusst verschieben, was sein will, kann wehtun. Selbst wenn Frau Gewissheit ihren Daumen hochhält. Das Buch stand felsenfest im Jahresplan. 2011. 2012. 2013. Ich wusste, sein Tag wird kommen. Jedes Jahr tanzte ich zu Silvester mit der Vorfreude.

Meine Arbeit hat Methode. Sie will einen Namen. Und sie will ein Buch. Ein kleines Buch für den Anfang. Pragmatisch. Also schreibe ich auf, was ich tue und wie. Frau Eigenbrille entspannt sich. Sie ist jetzt vertraut mit dem Blick einer Schreiberin, hat ihre Sicht erweitert und damit ihre Möglichkeiten. Akzeptanz von dem, was ist, ist stets der erste Schritt auf dem Weg zur Lösung. In meinem Fall sind es die kleinen Schritte. Das Ziel ist klar. Es heißt Buch. Ich danke den Vorboten. Sie sind unbestechlich!

»Vorboten machen Schluss mit Verboten. Sind sie erwacht, verbreiten sie Symptome. So lange, bis Sie hinhören.«

Symptomatik

Eines sollten Sie wissen – Vorboten sind hartnäckig. Sie geben niemals auf. Meine Bitte an Sie: Wenden Sie sich ihnen zu. Je eher, desto leichter ist es für Sie.

Anna bewegt sich

Anna sitzt weich in ihrem Sessel. Vor ihr der ausladende Schreibtisch, wie immer blank geputzt. Sie schielt auf das rote Sofa unter dem Aquarell. Dann wieder auf ihre Uhr. Noch 30 Minuten bis zur Pause. Tasche und Schlüssel scheinen einzustimmen, als Anna lauthals gähnt und verschämt ihre Hand vor den Mund schiebt. Es ermüdet, wenn trotz ständiger Arbeitssuche keine Arbeit vorhanden ist. Gleich kann sie freier atmen, das Gelände verlassen und etwas essen. Ihr Überlebenstraining für den Nachmittag. Assistentinnen verdienen gut, besonders in ehrenwerten Häusern wie diesem. Das imposante Konzerngebäude wirkt verheißungsvoll, immer noch. Doch Anna weiß es besser.

Gründerinnenzentrale

Im Sommer 2013 kommt Anna zum Themenabend der Gründerinnenzentrale. Dort bin ich Kooperationspartnerin und referiere dieses Mal zum Thema Kreativraum & wirtschaftliche Existenz im Format eines Workshops. Alle Plätze sind besetzt mit Gründerinnen, Unternehmerinnen und Frauen mit Interesse am Thema.

Die Gründerinnenzentrale agiert als eingetragener Verein. Sie ist die kleine Schwester der WeiberWirtschaft eG, Europas größtem Gründerinnenzentrum. In Berlin ist sie erste Anlaufstelle für Frauen, die sich selbstständig machen wollen oder schon selbstständig sind und weitere Informationen und Beratung suchen. Die Gründerinnenzentrale bietet Orientierungsgespräche an, in denen sie Grundinformationen weitergibt und Bedarfe ermittelt. Diese können dann zu allen unternehmerischen Themen in Form von Beratungen und Coachings von Expertinnen aus dem Pool der Kooperationspartnerinnen durchgeführt werden.

Kennen Sie meine Workshops, dann wissen Sie es schon. Ich stelle unbequeme Fragen. Direkt. Ich lade Sie dazu ein, Antworten zu finden. Gemeinsam. Die Wahrheit ist: Es sind immer Ihre Fragen. Sie wollen Antworten finden, darum sind Sie hier.

Annas Eigensinn

Anna folgt ihrer Intuition, als sie an diesem Abend auf einem Stuhl im Seminarraum der Gründerinnenzentrale Platz nimmt. Da ist dieses Verlangen nach mehr, das sie umtreibt und gleichzeitig so viel Energie frisst, dass sie froh ist, wenn sie für die Zeit ihrer Mittagspause den Schlüssel ihrer Bürotür umdrehen und im Rot des Sofas versinken kann. Dem einzigen Verbündeten in diesem ehrenwerten Haus. Inzwischen hasst es Anna, den größten Teil des Tages so zu tun, als sei sie beschäftigt. Sie hat schon mehrere Jobs dieser Art hinter sich. Selbst im Praktikum während des Studiums. Jedes Mal aufs Neue: Langeweile! Seit drei Jahren sitzt sie nun hier. Auf ihrem Assistentinnensessel. Seit Wochen kämpft sie vergeblich gegen dieses Drängen an. Es ist die Stimme von Herrn Eigensinn, ihrem neuen Begleiter. Sie zuckt zusammen, wenn sie seine Worte hört, und sie fürchtet sich. Denn es schmeckt bitter und riecht nach Konsequenz, wenn sie seine Töne ernst nimmt. Gleichzeitig ist da die Ahnung von Wahrheit, die sie ganz tief in ihrem Herzen fühlt. Eine verschüttete Kraft, die es wagt, sich wach zu rekeln. Unverschämt! Aus einem Jahrhundertschlaf.

Widerstand ist ein gutes Zeichen. Auf der Skala Richtung Erfüllung steht er oberhalb von Depression. Beides sind Reaktionen auf Angst. Furcht wächst auf dem Boden von Konflikten. Wenn Sie wissen, dass Ihre Intuition die Wahrheit sagt. Wenn Sie wissen, dass Sie das können, was sie von Ihnen will. Und wenn Sie es trotzdem nicht tun. Dann fürchten Sie sich. In Wahrheit vor sich selbst.

Vor der eigenen Größe. Vor Ihren Fähigkeiten. Sich fürchten ist also aktiv. Und aktiv ist immer besser als passiv. Agieren ist besser als reagieren. Sie rücken näher heran an die Selbstbestimmung, wenn Sie agieren. Sie spüren dann leichter, dass Sie es sind, die diesen Zustand herbeiführen.

Herr Eigensinn zum Beispiel ist ein höchst vitaler Akteur. Er hebelt Regeln aus, die Sie behindern. Regeln, die im Leben und Beruf aufgestellt sind. Meist unsichtbar. Doch stark in ihrer Wirkung. Herr Eigensinn ist einer der Vorboten. Und die machen Schluss mit Verboten! Sie erinnern Sie an Ihre höchstpersönliche Wahrheit. Und die existiert jenseits von Programmen, die Ihnen andere gegeben haben, damit Sie besser funktionieren. Darum ist es gesund, sich zu fürchten, und es gehört dazu, wenn Sie eigene Programme aktivieren wollen. Mithilfe von Herrn Eigensinn.

Annas Eigenwille

Anna entscheidet sich. Herr Eigensinn darf bleiben. Und sie – macht ab heute alles anders. Wie, das weiß sie noch nicht. Aber dass, das weiß sie sicher.

Im Workshop fortgeschritten, frage ich die Frauen: »Zu wie viel Prozent sind Sie das, was Sie sind? Schätzen Sie. Gefühlt bitte.« Bitte schreiben Sie jetzt Ihr Ergebnis auf, liebe Leserin, lieber Leser. Spontan. Gewichten Sie mit den Händen wie mit Waagschalen. So fühlen Sie leichter, welche Größe Ihre ist. Der Durchschnitt im Workshop liegt unter 50 Prozent. Annas Ergebnis liegt weit darunter. Sie ist mutig. Sie schaut hin. Und sie bleibt. Ich gratuliere ihr zum ersten Schritt. Sobald Sie Ihren Prozentsatz wissen, kennen Sie Ihr Potenzial. Es ist die Differenz bis 100 Prozent.

Potenziale zu erkennen tut gut. Perspektiven eröffnen sich. Es kribbelt im Bauch und die Wangen werden rot. Der beste Moment für Herrn Eigenwille. Der Vorhang öffnet sich und alle können ihn sehen. Die, die ihn fühlen, und die, die ihn wollen, wird er ab jetzt begleiten. Anna gehört dazu. Sie will ihr Leben ändern. Sie will, dass es ihr gut geht. Und sie will sinnvoll arbeiten. Das Handout bekommen alle, die es wollen. Für die Vertiefung. Das Material wirkt nachhaltig und reicht für die nächsten Wochen, wenn frau sich an die Arbeit macht.

Anna tut das. Schritt zwei. Doch damit nicht genug. Zehn Tage später schreibt sie mir und bittet um einen Termin für ein Erstgespräch. In der Woche darauf beginnt sie ihr Coaching. Schritt drei. Die Herren Eigensinn und Eigenwille bringt sie gleich mit.

Annas Eigenbrille

Gestattet sie den Herren Präsenz, sieht sie die Welt mit anderen Augen. Frau Eigenbrille öffnet die Tür und zeigt Anna eine neue Welt. Obwohl ihre Welt dieselbe ist, sieht sie ab jetzt anders aus. Was ehemals vorteilhaft schien, kann heute Gefangenschaft sein oder Langeweile. Plötzlich klingt die Sprache des Chefs wie ein Schlafmittel, das er Anna Wort für Wort verabreicht, oder wie eine Attacke kleiner Speerspitzen, die er auf sie richtet. Sonderbar, wie die Kollegen sich neuerdings bewegen. Was sie sagen, klingt befremdend. Es ist ein Phänomen, wie Realitäten sich ändern, wenn Anna ihre Perspektive wechselt.

Perspektiven wechseln, sobald Sie Ihre Einstellungen ändern. Das tun Sie, wenn Sie müssen. Ein anderer Grund ist: Sie wollen es. Sie wollen es jetzt wissen! So wie Anna.

Frau Eigenbrille aktiviert einen klaren Blick. Sie sehen deutlich besser als zuvor. Und sie bringt das Vertrauen mit und bittet Sie, es zu pflegen und zu nähren. Das ist wichtig. Tun Sie es nicht, wird Herr Zweifel Sie besuchen. Ein enger Freund von Herrn Denker. Sie verändern sich. Und das mag Herr Denker nicht. Denn er möchte, dass alles bleibt, wie es war. Also liegt es an Ihnen, Herrn Denker mit dem Vertrauen in einen Raum zu setzen und ihn fernzuhalten von Frau Gewohnheit. Präsentieren Sie Herrn Denker Ihr Potenzial. Geben Sie ihm die Aufgabe, neue Ideen zu entwickeln, damit er sinnvoll beschäftigt ist. Denn Veränderung ist ein natürlicher Prozess. Und Irritationen durch Neuland fangen Sie schnell auf, wenn das Vertrauen sich um Herrn Denker kümmert. Sie gehen von A nach B. Herr Denker denkt. Das Vertrauen wächst. Und Sie entwickeln neue Gefühle.

Sie gehen in kleinen, bewussten Schritten auf neue Ziele zu. Quantensprünge entstehen nicht aus dem Nichts. Sie haben Vorboten. Jeder große Erfolg besteht aus vielen kleinen Erfolgen. Daher ist es so wichtig, auch den kleinsten Schritt zu sehen, zu fühlen und wertzuschätzen. Je mehr Sie das tun, desto mehr Freude empfinden Sie. Und Freude zählt neben Dankbarkeit und Liebe zu den besten Botenstoffen für Gesundheit, Glück und Erfüllung. Vorboten des Erfolgs sind also auch Glücksboten. Für Ihre Gesundheit, für Ihr Leben und für Ihren Beruf.

☞ *Tipp: Buch der Freude*

Haben Sie Lust auf eine Übung? Möchten Sie dankbar und freudig sein? Dann legen Sie ein Notizbuch an, in das Sie jeden Abend hineinschreiben, wofür Sie am Tag dankbar waren und worüber Sie sich gefreut haben. Ich versichere Ihnen, wenn diese Gefühle von Herzen kommen, werden Sie wunderbar schlafen und am nächsten

Morgen genauso dankbar und freudig erwachen, wie Sie eingeschlafen sind. Bewährt sich dieser Tipp, geben Sie ihn bitte weiter an andere Menschen, die Sie mögen.

Medikation: Selbst denken, selbst fühlen

Sie haben eine neue Sicht gewonnen und Sie wollen es jetzt wissen! Damit ändern Sie Ihr Leben und aktivieren Ihre Lebenskraft. Sie fühlen sich warm und weit, freudig und frei. Sie sind motiviert und wild entschlossen, in diesem Zustand zu bleiben und alles dafür zu tun, dass es so weitergeht mit Ihnen.

Sonja schreibt und spricht

Eines Tages klingelt es in meiner Praxis. Eine junge Frau erscheint auf der Türschwelle. Ohne Termin. Sie entschuldigt sich und fragt, ob ich dennoch Zeit habe für ein kurzes Gespräch. Ich bitte sie herein, weil ich wirklich einen Puffer habe, und stelle mich 30 Minuten für ein kostenfreies Erstgespräch zur Verfügung. Trotz Initiativkraft wirkt Sonja schüchtern und etwas fahrig. Sie erklärt mir, wie sehr es sie drängt, Entscheidungen zu treffen. Doch es gelingt ihr nicht. Sie fürchtet, dass ihr zu viel verloren geht, wenn sie eine Wahl trifft, und dass sie es später bereuen wird. Sie braucht Hilfe. Darum hat sie es spontan gewagt, heute bei mir hereinzuschauen. Wir besprechen die Modalitäten und vereinbaren einen Termin.

Als wir uns wiedersehen, packt Sonja ihren Rucksack aus. Eigentlich ist sie Schauspielerin. Sie erwähnt kurz eine erfolgreiche Zeit früherer Jahre. Doch das ist schon lange und endgültig vorbei. Seit zehn Jahren steht sie nicht mehr auf der Bühne. Der Zug ist abgefahren. Aus Sonjas Augen blitzt mir Entschlossenheit entgegen. Sie hat ein neues Projekt begonnen. Damit wird sie sich am Markt etablieren und endlich wieder für festen Boden unter den Füßen sorgen. Ihre Hände streifen betont das braune Haar aus dem Gesicht. Sie redet sich selbst gut zu, sobald der akzentuierte Ausdruck ihrer Stimme leiser wird, sich zurücknimmt. Die Ausbildung zur Mediengestalterin hat ihr gutgetan, sie neu gefordert. Denn die schlecht bezahlten Aushilfsjobs waren nie von langer Dauer und ohne Perspektive. Sie hat immer ihr Geld verdient, war unabhängig. Doch erfüllend war das nicht. Jetzt soll alles anders werden!

Die Bestandsaufnahme ist umfangreich. Vor mir sitzt, aufrecht und kontrolliert, eine Schauspielerin, Mediengestalterin, Kellnerin, Verkäuferin, Telefonistin, Empfangsdame und vieles andere. Sonja ist auch Musikerin, besitzt handwerkliches Geschick. Schön wäre es außerdem, mit den Händen zu arbeiten. Aber gut, jetzt wird sie ihr Projekt realisieren. Und während sie sich selbst und mich zu überzeugen sucht, verwässern sich die himmelblauen Augen. Herr Eigensinn drängt nach Klarheit.

Wir schauen uns lange an. Schweigend. Als sie ihre Tränen getrocknet hat, frage ich Sonja, ob sie gern schreibt. Ja, das tut sie. Es gibt sogar ein Stück für die Bühne. Das liegt seit Jahren in ihrer Schublade. Und Tagebuch schreibt sie sowieso. Tränen und Schweigen lassen eine Wahrheit erahnen, die Sonja hinter alledem vor sich selbst verbergen will. Doch darum ist sie hier. Sie will eine Entscheidung treffen und wieder festen Boden unter den Füßen spüren.

Herr Eigensinn lässt nicht locker. Und Frau Eigenbrille kündigt sich an, denn Sonja will klar sehen können, wo jetzt wirklich ihr Platz ist. Wir visualisieren das ganze Spektrum von Sonjas Kompetenzfeldern am Flipchart und tasten es achtsam ab. Wo spürt sie die größte Resonanz? Beim dritten Termin ist Sonja bereit für die Wahrheit. Sie nähert sich an. Assoziativ. Mit Stift und Papier. Dann stelle ich ihr die entscheidende Frage. Sonja schreibt. Am Flipchart stehen wir uns gegenüber und Sonja spricht mit zarter Stimme, doch deutlicher Betonung, die Wahrheit aus. »Ich bin Schauspielerin. Und ab heute gehe ich diesen Weg neu. Erfolgreich und professionell.«

Dreimal täglich drei Sätze

Wie halten Sie es mit dem Fühlen und Denken? Was tun Sie zuerst, wenn es um Entscheidungen geht? Fragen Sie Ihren Partner, Ihre Mitarbeiter oder Ihren Steuerberater? Informieren Sie sich oder recherchieren Sie im Netz? Forschen Sie in einem Ratgeber?

Wie beginnen Sie Ihren Tag? Ist die erste Tat der Blick in Ihr Postfach und in Ihren Terminkalender? Ist Ihr erster Satz am Morgen »Ich muss«? Glauben Sie, Herr Eigenwille nickt dazu?

☞ *Tipp: Damit Sie besser fühlen, hören und sehen können*

Damit Sie besser fühlen können, schreiben Sie! Schreiben Sie am Morgen, am Abend und einmal zwischendurch. So bleiben Sie besser in Verbindung mit der Herz- und mit der Chefetage Ihrer Selbstständigkeit. Dosiertes Schreiben ist gute Medizin für Ihr Gefühl zu Herrn Eigenwille und Ihr Gehör für Herrn Eigensinn. Zur Freude von Frau Eigenbrille wird Ihr Blick täglich wacher. Wenn Sie besser fühlen, hören und sehen können, unterscheiden und entscheiden Sie besser. Das heißt: zu Ihrem Wohl. Sind Sie bereits geübt, treffen Sie eine Wahl, bevor Sie schreiben. Das geht dann so:

1. Wem will ich das Wort geben? (Intuition, Kreativität, Liebe)
2. Wie beschreibe ich ... (zum Beispiel mich auf meiner Website)?
3. Was habe ich mir selbst zu sagen? Befragen Sie sich selbst, die Situation, den Konflikt, die Chance. Sie werden überrascht sein, wie leicht Sie eine Antwort finden.
4. Wie fühlt es sich an, wenn ich ...? Riskieren Sie es!
5. Was empfinde ich für meine Art zu denken?

Pflegen Sie das Schreiben, damit Sie in Verbindung bleiben. Dreimal täglich eine Seite ist optimal. Beginnen Sie mit drei Sätzen pro Tag und dann steigern Sie sich.

> **Randbemerkung:**
> Dem Unterbewussten sind Sie am nächsten, wenn Sie aufwachen oder einschlafen.

Und lesen Sie! Ich halte es so: Will ich Gedanken und Gefühle klären, wende ich mich ihnen zu und schreibe sie auf. Erst danach informiere ich mich oder tausche mich mit anderen aus. Lesen, also die Gedanken anderer aufnehmen und reflektieren, ist dann Methode zwei. Lesen Sie Literatur, die Sie bestärkt, die Sie ermutigt und inspiriert. Auch hier sind es dreimal täglich eine Seite. Lesen Sie dieses Buch. Immer wieder!

> **Randbemerkung über mich:**
> Ich liebe es, mich mit halb schlafenden Lidern und einer Kanne Tee an den Küchentisch zu setzen und zu schreiben, was zu schreiben ist. Die Intuition hat dann das Wort. Ein Teil meines Bewusstseins und meiner Entscheidungsinstanz.

Kennen Sie das? Jemand fragt Sie danach, wie es so geht, und Sie antworten: »Ich denke ... ganz gut.« Und wie fühlen Sie sich?

Als Judith den Raum betritt, füllt sich dieser mit blitzschnellen Pfeilen. Sie schießen aus ihrem Kopf hervor, rasen Haken schlagend durch den Raum und kehren zielsicher wie ein Bumerang an ihren Ausgangsort zurück. Die junge Ingenieurin ist kurz davor, sich im Feuerwerk ihrer Gedanken zu verlieren. Jeder zweite Satz beginnt mit »Ich denke …« und sie fasst sich auffällig oft an ihre Stirn. Gestern war es besonders schlimm. Es war wieder einer dieser Migräneanfälle, die sie regelmäßig einmal im Monat heimsuchen. Doch auf ihr Medikament ist einigermaßen Verlass. Sie denkt, dass es ihr heute schon wieder besser geht! Denn weil sie Zeitdruck hat, ist sie hier. Wir bekommen das sicher hin in einem Termin. Sie ist schlecht abkömmlich, stark vereinnahmt von ihrem Job. Ihr alter Arbeitgeber hat sie rekrutiert, will sie wiederhaben. Sie weiß nicht, was richtig ist und was sie jetzt machen soll. Sie schildert verlockende Bedingungen und ein besseres Gehalt. Dann fragt sie mich: »Was denken Sie?«

Zu gut kann ich mitempfinden, in welchem Dilemma Judith sich befindet. Ihre Frage ist typisch und hält die Lösung fern. Da sie im selben Tempo spricht, wie sie denkt, muss sie erst einmal verschnaufen. Ich nutze diese Chance für meine Frage: »Wie fühlen Sie sich jetzt, Judith, nachdem Sie Ihre Situation geschildert haben?« Nach kurzem Atemholen setzt sie zur nächsten Attacke an: »Ich denke …« – »Bitte, Judith, wie fühlt sich das an, würden Sie zurückkehren nach München?« Zuerst schluckt sie, dann schießen ihr die Tränen in die Augen. Da sie sofort schluchzend weitersprechen will, bitte ich sie ein drittes Mal, zu fühlen. Diesmal geht es um die Botschaft des Augenblicks. Es gelingt ihr, für kurze Zeit innezuhalten, sogar zu schweigen. Jetzt ist Judith angekommen. Ihr Atem wird tiefer. Und sie sagt, sie fühle sich wie nach einem Marathon. »Ich bin weggelaufen aus München. Ich habe mich in

Berlin in die Arbeit gestürzt. Ich wollte einfach nicht wahrhaben, dass ich leide. Ich habe meinen Arbeitsplatz verlassen und meinen Freund.« Etwas später, sie hat sprachlich die Überholspur verlassen: »Ja, ich liebe meinen Freund immer noch.«

In den folgenden Terminen klärt Judith ihren Standort. Beruflich und privat. Sie gewinnt eine neue Sicht auf die Verquickungen ihres Lebens. Und sie lernt, Verantwortung zu übernehmen. Ihr Kopf ist entlastet, seit sie wieder ihrem Herzen vertraut.

Anna wechselt die Perspektive

Sobald sich Vorboten rühren, fühlen Sie mehr. Es kann sein, dass Sie sich plötzlich, nach ganz langer Zeit, wie Anna die Frage stellen: Was fühle ich eigentlich, wenn ich immer lieb und nett bin? Wenn ich mit überfreundlichem Lächeln von allen geliebt werden will? »Aber ja, verehrter Herr Chef. Natürlich, sehr gerne. Selbstverständlich suche ich die besten Plätze für Sie aus. Ihre Frau wird sehr glücklich sein mit den Konzertkarten.« Wieso fällt Anna erst jetzt auf, dass sie aus lauter Dankbarkeit für eine Beschäftigung vergessen hat, dass die Bestellung von Konzertkarten zwar möglich, aber nicht Zentrum ihrer Aufgaben als Assistentin ist? Das ist jetzt vorbei! Ab diesem Moment wird es gefährlich für Anna. Bis heute war sie überaus freundlich mit sehr gutem Umgangston. Ab jetzt wird es lebendig in ihrem Büro, in ihrem Gesicht und in ihrer Stimme. Sie verspürt unbändiges Verlangen danach, mit ihren Gefühlen in Kontakt zu kommen. Warum soll sie Herrn B. von der technischen Abteilung nicht klarmachen, welche Zumutungen er liefert mit seiner wiederholten Abgabe halb fertiger Arbeit? Sie verblüfft den jungen Mann mit einer klaren und emotionalen Ansage. Binnen 30 Minuten liegt ein vollständig geordneter Datenspeicher auf ihrem Schreibtisch. Klare Haltung. Klares Ergebnis. Klarer Erfolg!

Das Leben ist bunter, wenn Sie sich fühlen. Und Sie kommen sich näher. Das heißt, Sie nehmen Ihre Emotionen und Bedürfnisse wahr und legen Stück für Stück Ihre wahren Gefühle frei. Wenn Sie dort ankommen, fühlen Sie Ihr Zuhause. Sie sind sicher und geborgen. Sie können gut für sich sorgen und Sie wissen, was Sie wollen und was zu tun und zu lassen ist.

Anna darf!

Anna lässt Taten folgen, als sie ihre Ansage macht. Sie riskiert es, Klarheit mit emotionalem Nachdruck zu vermitteln und damit ihre Lebenskraft in Schwung zu bringen. Das führt dazu, dass sie sich täglich näher an den zurückgehaltenen Ärger herantastet und genau registriert, wann sie sich worüber und wie ärgert. Unter dem Ärger kommt schubweise eine Wut zum Vorschein, die noch schwerer im Zaun zu halten ist als der Ärger. Es ist die Wut gegen den Teil ihrer selbst, der dieselben Verbote ausspricht, die sie einst von ihren Eltern hörte. Sie fühlt, dass diese Verbote weit entfernt sind von ihrer eigenen Wahrheit. Sie klingen in etwa so: Das darfst du nicht! Das kannst du nicht! Das schaffst du niemals!

Diese Verbote sind Programme. Programme, die auf Annas Festplatte gespeichert sind. Sie dienen ihr nicht. Sie behindern sie. Sie hindern sie daran, ihre eigene Wahrheit zu fühlen und zu leben, und sie hindern sie an der Kompatibilität mit außen. Anna beschließt, diese Programme zu löschen.

Für kurze Zeit bleibt die vorhandene Speicherkapazität frei. Dann ruft sie ein neues Programm auf, direkt aus ihrer Intuition. Es heißt: Ich darf! Anna legt drei neue Ordner an in diesem Programm: Ich darf eigene Gedanken denken. Ich darf eigene Gefühle fühlen. Und ich darf eigene Dinge tun. Die Wut arbeitet wie der Arbeitsspeicher auf Hochtouren. Das hat zur Folge, dass Anna schroff wird. Manchmal ist sie so wütend, dass sie gleichzeitig traurig wird. Dann dreht sie den Schlüssel um in ihrem Büro. Vorsorglich. In solchen Momenten ist sie lieber allein.

In den nächsten Wochen geht Anna sehr achtsam mit ihren Bedürfnissen und Wünschen um. Das heißt, sie fühlt, was sie braucht, und sie sorgt dafür, dass sie es bekommt. Das neue Programm – Ich darf! – hilft ihr dabei. Zum nächsten Coachingtermin hat sie ihre Wunschliste weiter fortgeschrieben. Gemeinsam entwerfen wir eine Mindmap mit dem Titel »Das kann ich richtig gut!«. Auf dem Monitor reiht sich eine Fähigkeit an die andere. Und heraus kommt ein neues Berufsbild.

Anna hat Geisteswissenschaften studiert. Außerdem besitzt sie ein Zertifikat als Coach. Sie liebt die Arbeit mit Menschen. Und sie liebt das Schreiben. Zu ihrem Charakter gehört es, zu wachsen, Neues zu wagen und sich weiterzubilden. Anna sitzt aufrecht und streicht ihr Haar nach hinten. Aus ihren Augen funkelt Begeisterung. Sie ist stolz darauf, dass sie probehalber und erfolgreich eine Freundin gecoacht hat. Und einen Workshop für Kreatives Schreiben hat sie mit wenig Aufwand auf die Beine gestellt und damit fünf Teilnehmer und sich selbst glücklich gemacht. »Ich blühe richtig auf, wenn ich tue, was mir Freude macht und was ich gut kann.« Sie überzeugt mit fester Stimme. Ihre Wangen röten sich. Es berührt Anna, wenn andere Menschen eigene Worte schaffen, Sätze und ganze Texte. Ihr Gang ist leicht und sie lacht, wenn sie spürt, dass sie darf und tut, was sie in Wahrheit ist und was sie kann. Eine begabte Frau ist auf dem Weg, wirklich Coach zu sein, Workshops zu leiten und Weiterbildungsprojekte durchzuführen. Zunächst im Team. Und später vielleicht doch – ganz selbstständig.

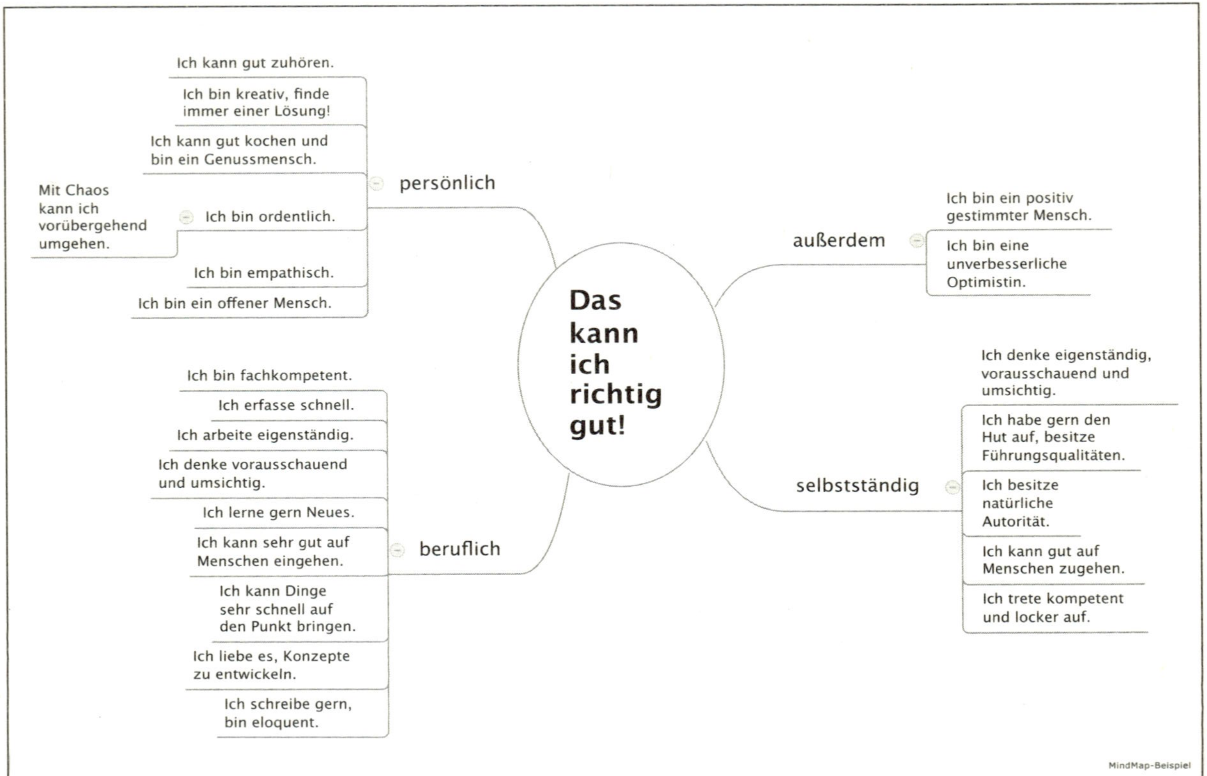
Das kann ich richtig gut!
persönlich
Ich kann gut zuhören.
Ich bin kreativ, finde immer einer Lösung!
Ich kann gut kochen und bin ein Genussmensch.
Ich bin ordentlich.
Mit Chaos kann ich vorübergehend umgehen.
Ich bin empathisch.
Ich bin ein offener Mensch.
beruflich
Ich bin fachkompetent.
Ich erfasse schnell.
Ich arbeite eigenständig.
Ich denke vorausschauend und umsichtig.
Ich lerne gern Neues.
Ich kann sehr gut auf Menschen eingehen.
Ich kann Dinge sehr schnell auf den Punkt bringen.
Ich liebe es, Konzepte zu entwickeln.
Ich schreibe gern, bin eloquent.
außerdem
Ich bin ein positiv gestimmter Mensch.
Ich bin eine unverbesserliche Optimistin.
selbstständig
Ich denke eigenständig, vorausschauend und umsichtig.
Ich habe gern den Hut auf, besitze Führungsqualitäten.
Ich besitze natürliche Autorität.
Ich kann gut auf Menschen zugehen.
Ich trete kompetent und locker auf.
MindMap-Beispiel

Risiken und Nebenwirkungen

Da jede Bewegung ihre Folgen hat, also ihre Erfolge, bekommen Sie hier einen ersten Einblick in die Zusammenhänge von Ursache und Wirkung.

Beginn einer Anekdote aus meiner Gründungszeit

Seit Kurzem bin ich selbstständige Unternehmensberaterin. Auf meiner Visitenkarte steht »Brigitte Windt. Betriebswirtin.« Und meine Kontaktdaten. Weißer Büttenkarton. Graue Schrift. Der Rest ist noch geheime Mission. Ich kooperiere mit drei Agenturen, führe Direktmandate durch und arbeite bundesweit. Unternehmensberatungen sind förderfähig. Auch heute noch. Ich berate zu allen relevanten Themen. Und seit dem ersten Auftrag bestätigt sich stets dasselbe Phänomen.

Kleiner Ausflug ins Thema Unternehmensberatung

Bitte gestatten Sie mir diesen Ebenenwechsel. Ich komme gleich auf die Anekdote aus meiner Gründungszeit zurück. Unternehmensberatungen finden in der Regel auf einem hohen Abstraktionsgrad statt. Getreu einer Betriebswirtschaftslehre, die sich weit vom Menschen entfernt hat. Da werden Betriebsergebnisse aus betriebswirtschaftlicher Sicht über Zahlen definiert. Abgebildet in betriebswirtschaftlichen Auswertungen, Einnahmen-Überschuss-Rechnungen, Gewinn-und-Verlust-Rechnungen und Bilanzen. Herbeigeführt durch unternehmerische Prozesse. Unternehmensprozesse werden strukturell, konzeptionell und strategisch entwickelt. Ihre Faktoren sind Zeit, Raum, Geld, Maschinen und Menschen. Doch wer bemisst Zeit und Raum? Wer bringt das Geld ins Spiel? Wer setzt Maschinen ein? Es sind immer Menschen, die Unternehmen führen. Es sind Menschen, die in Unternehmen arbeiten. Und es sind menschliche Bedürfnisse, die mit Produkten und Dienstleistungen erfüllt werden sollten.

☞ *Tipp: 50 bis 75 Prozent Beratungsförderung*

Sie sind mindestens ein Jahr selbstständig und haben Beratungsbedarf zu betriebswirtschaftlichen, organisatorischen, strukturellen, konzeptionellen, strategischen und finanziellen Themen? Sie können dreimal gefördert werden, sofern die Inhalte thematisch in sich geschlossen sind und Sie einen Antrag beim Bundesamt für Wirtschaft und Ausfuhrkontrolle gestellt haben. Antragsteller mit Standort in den alten Bundesländern einschließlich Berlin können 50 Prozent und Antragsteller mit Standort in allen anderen Bundesländern können 75 Prozent Beratungsförderung erhalten. Für allgemeine Beratungen können Zuschüsse bis zu einem Höchstbetrag von insgesamt 3000 Euro ausgezahlt werden. Dies gilt ebenfalls für spezielle Beratungen und für besondere Beratungen. Die aktuellen Richtlinien sind bis zum 31.12.2015 gültig und auf der Website des Bundesamtes abrufbar. Bitte sprechen Sie mich an.

Hier kommt wieder die Weisheit ins Spiel, dass Erfolg das ist, was folgt. Wer gibt vor, was zu folgen hat? Der Mensch. Das bedeutet: Der Mensch bestimmt das unternehmerische Thema und beeinflusst sein Ergebnis. Auch die Zahlen! Was können Zahlen dafür, wenn sie gemacht werden? Es reicht nicht, allein über sie herzufallen und sie neu bestimmen zu wollen. Es geht immer um ihre Produzenten.

Darum ist Unternehmensberatung aus meiner Sicht ein Gespräch von Mensch zu Mensch. Gute Unternehmensberatung ist Begegnung von Mensch zu Mensch. Optimale Unternehmensberatung ist Berührung. Vielleicht ahnen Sie, welche Folgen, also Erfolge, aus Berührung entstehen können. Was Menschen vermögen, wenn sie aus der Tiefe innerer Bewegtheit schöpfen. Großartiges! Das ist das Phänomen!

Weiter zur Anekdote aus meiner Gründungszeit

Zu Beginn meiner Selbstständigkeit fahre ich nach Berlin. Dort riskiere ich die Teilnahme an einem Gründerinnentreff in der Weiberwirtschaft (siehe oben). Mögliche Nebenwirkungen sind mir nicht bekannt. Noch nicht. Natürlich geht es um Positionierung, damit frau Farbe bekennt. Ich bin neugierig und neu hier. Fremde Stadt. Fremde Strukturen. Fremde Frauen. Was biete ich an? Mit welcher Alleinstellung? Noch fünf Frauen haben vor mir das Wort. Wir sitzen. Alle am selben Tisch. Nur die jeweilige Sprecherin steht, damit wir sie besser sehen und hören können. Jetzt zähle ich nur noch vier. Gleich ist es so weit. Mein Herz klopft in meiner Brust, im Hals, unter meinem Schädeldach. Einfach überall. Heute ist mein Coming-out. Unter neuem Namen. Jetzt gleich. Ich werde es in eine Welt geben, die gerade erst erwacht. Für das Ganze. Wohlgemerkt. Im Detail hat sie sich bereits verloren. Und in der Nachahmung. Ich verliere mich jetzt fast im Getöse meines Herzschlags. Dann atme ich. Aus. Ein. Und dann ist es raus.

»Ich bin Brigitte Windt. Mein Unternehmen heißt Schein oder Sein – energetische Unternehmensberatung. Meine Spezifik ist …« Dann steigt sie hoch. Langsam. Quälend. Heiß. Ich stelle mein Angebot vor und schaue machtlos zu, wie sie bis in die Winkel meiner Lachfalten kriecht, meine Wangen zum Glühen bringt und vor der Stirn und dem ganzen Rest nicht haltmacht. Bis zu den Ohren. Fühlte ich jemals solch eine Röte? Ich spreche weiter und –

akzeptiere sie. Sie begleitet mein Bekenntnis wie eine Geliebte. Und wenn schon. »Es ist, was es ist«, sagt Erich Fried, und meint damit die Liebe.

Dann gibt es noch ein Extra. Mit Nachklang. Ab jetzt will jeder wissen, was das ist, energetische Beratung. Ich habe einen Aufhänger! Für Interessenten, für Kunden und für mich. »Ja, ich berate in Sachen Energie«, antworte ich und lächle verschmitzt.

Seitdem weiß ich, wie es sich anfühlt, wenn ich den Kern der Sache treffe, ob für mich oder für andere. Mein Herz wirft Flammen, erhitzt das Blut und bestärkt die Weisheit des Augenblicks.

Sonderbares

Sobald Sie damit beginnen, sich auf sich selbst zu beziehen, Ihre eigenen Gedanken denken, die eigenen Bedürfnisse kennen und auf die eigene Stimme hören, werden Sie Ihre Ordnung verändern und damit auch die Ordnung Ihrer direkten Umgebung. Es ist üblich, dass Beziehungs-, Familien-, Berufs- und Organisationssysteme Normen haben, an die sich ihre Mitglieder halten. Jeder kennt die Spielregeln und hält sie freiwillig ein, wenn er dazugehören will.

Wir sind keine Solisten. Und schon gar keine Eremiten. Wir sind stets Teil eines Systems. Sobald sich ein Teil des Systems verändert, verändert sich das Ganze. Denken Sie an ein Skelettmodell im Biologieunterricht. Sobald Sie es an einer Stelle berühren, bewegt sich das Ganze und kommt irgendwann wieder zur Ruhe. Das ist Einklang.

Eva und das Neue

Als Eva ihr Biologiestudium beendet, wird sie von Karl, einem nahen Freund ihrer Eltern, in die Gruppe des regionalen Naturschutzvereins eingeführt. Die Mitglieder sind mindestens im Alter von Karl, also durchweg Senioren, und seit vielen Jahren in der Region aktiv. Obwohl Eva das Küken der Runde ist, übernimmt sie in kurzer Zeit das Regiment. Als Vorsitzende überzeugt sie mit Fachwissen, Engagement und natürlicher Autorität. Einige Jahre später entschlüpft sie dem Kokon der Tradition und bringt Vorschläge ein, die neu sind und anders als bisher. Damit sprengt sie den Rahmen des Althergebrachten und irritiert das Gefüge. Das Neue macht dem Alten Angst. Das Alte wehrt sich und will festhalten. Doch starre Äste brechen, wenn es stürmisch wird. So kommt es zum Eklat. Dem Neuen gelingt es nicht, das Alte für das Neue zu gewinnen und es dann zu integrieren. Darum wird es für Eva Zeit zu gehen. Sie hinterlässt ein System, das ohne die Dynamik des Neuen allmählich zerfällt. Eva denkt jetzt eigene Gedanken und macht sich damit auf den Weg zu neuen Ufern.

Einklang setzt Offenheit voraus. Bereitschaft für Neues, Unbekanntes. Vertrauen in die Fähigkeit, Neues zu lernen. Mit dem Wunsch nach Wachstum und Entfaltung können Menschen Neues integrieren und lieben lernen.

Schauen Sie, was das Neue ist, das Sie sich und Ihrer Umgebung anbieten möchten. Und halten Sie es wie der kleine Prinz von Antoine de Saint-Exupéry. Machen Sie sich vertraut. Nähern Sie sich an. So können Sie Liebe wecken für das, was sonderbar erscheinen mag, doch in Wahrheit ein Geschenk ist. Ein neu entdeckter Teil Ihrer selbst.

Kinder machen uns vor, wie es geht. Sie wachsen. Und während sie wachsen, brauchen sie neue Kleidung, weil die alte zu klein geworden ist. Sie passen nicht mehr hinein. Sie brauchen neue Schuhe, damit sie frei laufen können. Manchmal lieben sie ihre alte Kleidung so sehr, dass sie sie nie wieder hergeben wollen. Sie verbinden Vertrautes und Sicheres damit. Der Augenblick zählt. Er ist ewig – bis zum nächsten Moment. Kinder wollen größer werden!

Eltern sind entzückt, wenn ihre Kleinen zum ersten Mal »ich« sagen. Das Ich wird zum »Ich will« und »Ich kann«. Kinder sprechen neue Worte, entwickeln neue Interessen, Vorlieben, Geschmäcke. Sie gewinnen neue Freunde, spielen andere Spiele, gehen an fremde Orte. Sie entdecken sich und die Welt. Dann malen sie neue Bilder. Sie widersprechen den Eltern und finden eigene Werte. Sie verlassen das, was nicht mehr passt. Am Ende ziehen sie aus. Viele, viele Abschiede. Natürliche. Gesunde. Erinnern Sie sich? An Ihr Kindsein? An Ihren Auszug? Gesundes Wachstum. Natürliche Abschiede. Und heute?

Wenn Sie sich dieses natürliche Selbstverständnis bewahrt haben oder zurückgewinnen möchten, werden Sie weiterwachsen, solange Sie leben. Und hierzu gehört, dass Sie die Dinge hinter sich lassen, die Ihnen zu klein und zu eng geworden sind oder nicht mehr zu Ihnen passen. Zu Wachstum gehören Abschiede, auch von Menschen. Wollen Sie herausfinden, wer Ihre wahren Freunde sind, dann sprechen Sie über Ihre Wahrheit, Ihre Geschäftsidee, neu gewonnene Erfahrungen und Einstellungen oder über die Entscheidung für eine ganz besondere Wahl. Sie werden schnell sehen, wer Sie ermutigt und wer Sie fördert. Prüfen Sie die Beziehungen zu Personen, die Ihnen Ängste, Zweifel und Neid entgegenbringen statt konstruktiver Kritik. Welche Basis teilen Sie? Hat sie noch Bestand? Können diese Menschen mit Ihnen wachsen? Und pflegen Sie die wahren und guten Verbindungen!

Quarantäne

Es gibt dieses Phänomen bei Menschen, die ihren Weg gehen. Sie erleben es alle. Sie sehen nun anders und hören anders. Plötzlich gibt es nichts mehr zu sagen, obwohl es jahrzehntelang gut lief. Freundschaften werden fad, wenn der eine weitergeht und der andere stehen bleibt.

Manch ein Coachee berichtet von dem Wunsch, nahe, tiefe und sinnvolle Gespräche führen zu wollen. Doch das klappt nicht mit der bisherigen Umgebung. Was nun? Menschen entdecken sich neu. Sie lesen. Sie schreiben, wenn es gut läuft. Viele fühlen sich allein. Das ist der Übergang. Das ist normal. Oder besser: natürlich. Wie in der Kindheit. Nur nicht ganz so schnell. Begreifen Sie, dass diese Zeit dazugehört. Dass sie wichtig ist. Weil Sie sich neu entdecken. Neu kennenlernen. Sie brauchen Tage, Wochen, Monate. Vertrauen Sie sich. Das Phänomen heißt Quarantäne. Selbst verhängt. Ich versichere Ihnen, sie geht vorüber.

Erfüllte Freundschaft

Ich kenne Abschiede gut. Seit meiner Schulzeit. Und ich habe sie akzeptieren gelernt. Wir sind 17, als meine beste Freundin Karola sich für ein zeitintensives Engagement bei den Pfadfindern entscheidet. Sie verbringt ab jetzt jede freie Minute in einer Gemeinschaft, die zur zweiten Familie wird. Mich interessiert brennend, was die Herren Freud und Reich zu sagen haben, und ich diskutiere mit meinen Freunden über die antiautoritäre Erziehung von

Summerhill, fasziniert und kritisch zugleich. Dass unsere Wege sich trennen, ist eine schmerzhafte Erkenntnis und der Abschied von einer bisher gelebten Innigkeit, die uns in den darauffolgenden Jahren in dieser Tiefe nicht mehr gelingt.

Seit dem bewussten Abschied von Karola ahne ich, dass jede Beziehung ihre Zeit hat. Ihren Anfang, ihre Blüte und ihren Abschied. Immer liegt ein Sinn für beide darin. Es hilft sehr, diesen zu sehen, zu verstehen und zu leben. Kündigt sich ein Abschied an, ist das Gemeinsame in dieser Welt erfüllt. Es behält seinen Platz in meinem Herzen. Bis heute. Was bleibt, sind Dankbarkeit und Liebe. Was hinzukommt, ist Vorfreude auf das Unbekannte. Und was jetzt ist, ist die Erfüllung dieses Augenblicks.

Ergebnisse

Erfolg ist stets das Ergebnis von dem, was Sie vorgeben. Und nicht nur das. Erfolg findet immer und überall statt. Die Kunst ist, Ihren Erfolg so zu gestalten, dass Sie Ihre Wunschergebnisse erreichen. Das heißt, dass Sie die reaktive Rolle verlassen und zur bewussten, aktiven Gestalterin Ihres Lebens werden. Sobald Sie im wesentlichen Sinne das Zugeständnis an Ihr Ego und den Anpassungsmodus aufheben, kommen Sie in Bewegung. Sie bringen den Stein (des Anstoßes) ins Rollen und setzen damit eine Eigendynamik frei. Folgen Sie ihr und nutzen Sie diese Energie. Impulse haben die größte Kraft im Moment ihres Entstehens. Stärken Sie diese Kraft. Und sie wird Ihnen dienen und die nächsten Schritte erleichtern. Vertrauen Sie sich!

Dieser Aktivierungsprozess verläuft höchst individuell. Auch wenn es üblich ist, dass sich Menschen mit anderen vergleichen, bitte ich Sie: Lassen Sie es sein. Tauschen Sie sich gern mit Gleichgesinnten aus, aber bleiben Sie bei sich, bleiben Sie sich treu!

Falls Sie noch dem Vergleichen anhaften, schichten Sie um! Das heißt, Sie wandeln jeden aufkeimenden negativen Gedanken, der dann zu einer Emotion wie Minderwert, Neid, Eifersucht, Ohnmacht und so weiter wird, in einen positiven um. So inspirieren Sie sich an dem, was andere aus Ihrer Sicht schon haben oder besser können. Denken Sie: »Das könnte mir auch gefallen, wie stelle ich es am besten an?« Das Zauberwort ist das Wie! Wie erreiche ich ein ähnliches Ziel? Wie passt das in mein Konzept? Wie stelle ich das an?

Wie

Bitte halten Sie an dieser Stelle des Buches inne. Nehmen Sie sich ein paar Minuten Zeit und schreiben Sie auf, welche Informationen für Sie heute die nützlichsten sind und welcher Punkt Sie bisher am meisten berührt hat. Machen Sie sich ein Bild davon, wie nahe Sie sich heute selbst sind.

Sie können sich an den folgenden Feldern orientieren und eigene Listen erstellen. Bitte beginnen Sie jetzt!

Zusammenfassung Teil 1

Extrakt

1. Erfolg ist das, was folgt!
2. Erfolg ist stets das Ergebnis von dem, was Sie vorgeben.
3. Gestalten Sie Ihren Erfolg mit Bewusstsein!
4. Prüfen und aktualisieren Sie Ihre Werte, Haltungen und Einstellungen.
5. Hören Sie auf Ihre Wahrheit und bekennen Sie sich dazu!
6. Kooperieren Sie mit Ihrem Team Eigensinn, Eigenwille und Eigenbrille!

7. Fühlen Sie, damit Sie lebendig sind!
8. Schreiben Sie dreimal täglich!
9. Abschiede gehören dazu, wenn Sie wachsen.
10. Vertrauen Sie sich!

Das Wichtigste

1. Zuhörerinnen pflegen innere Dialoge. Weil Lösungen im Herzen wachsen.
2. Bekenner sein hat Konsequenzen. Und Abschiede gehören zum Wachsen.
3. Vertrauen ist Ihr Verbündeter.

Standort klären

Klar denken

Wie oft bestimme ich, was Herr Denker denkt?

- [ ] oft
- [x] manchmal
- [ ] nie

Was möchte ich ab jetzt selbst denken und bestimmen? ....

.... Selbstbewußt sein / Groß spielen! ....

Wahrhaftig fühlen

Wie oft höre ich mir selbst zu?

- [x] oft
- [ ] manchmal
- [ ] nie

Was ist mein größter Herzenswunsch? ....

.... größtmögliche Zufriedenheit, bei größtmöglicher persönlicher Freiheit mit größtmöglichem Verdienst

Deutlich unterscheiden

Wie oft bleibe ich meinen Wünschen, Bedürfnissen, Entscheidungen treu im Kontext mit anderen?

- ☐ oft
- ☐ manchmal
- ☒ nie

Welche Entscheidungen behalten ab jetzt höchste Priorität, auch wenn anderes wichtig ist? ....

Meine Berufung zur Fürsprache für andere.

TEIL 2

Wie Sie Erfolge gestalten

Grundsätzliches in einer kurzen Übersicht

Jetzt haben Sie schon wichtige Elemente des Erfolgskurses kennengelernt und sind sich selbst deutlich nähergekommen. Sie sind gut trainiert für die nächste Wegstrecke. Stärken Sie sich noch einmal, bevor es weitergeht. Denn schon gleich lade ich Sie zu neuen Entscheidungen ein.

Drei Wegweiser

Sie können jetzt sehr gut einschätzen, wie gute Ihre Beziehung zu sich und zu Ihren Erfolgsboten ist. Und Sie haben ein Gefühl dafür, wohin Sie gehen wollen. Im Wesentlichen gibt es dafür drei Richtungen:

- Sie wenden sich von sich selbst ab.
- Sie wenden sich sich selbst zu.
- Sie verhalten sich ambivalent zwischen beiden Polen.

Unabhängig davon, wofür Sie sich entscheiden, die Ergebnisse werden immer Ihren Vorgaben entsprechen. Bitte erinnern Sie sich an die grundlegende Weisheit: Erfolg ist das, was folgt!

Sie wenden sich ab

Angenommen, Sie wollen einen neuen Computer anschaffen. Sie informieren sich im Internet und gehen dann in den Fachhandel.

Dort klären Sie noch eine offene Frage mit dem Verkäufer und fühlen sich fachlich bestens beraten. Jetzt wissen Sie, welches Modell Sie kaufen möchten. Heute ist Ihr Glückstag! Dann macht Ihnen der Händler ein Angebot. Ihr Wunschmodell können Sie für 200 Euro weniger bekommen. Es handelt sich um ein Ausstellungsstück. Und jetzt passiert es. Das leichte Grummeln im Bauch schieben Sie an die Seite. Solch ein Angebot bekommen Sie nicht jeden Tag. Warum zögern bei doppeltem Glück?

Sie begutachten das angebotene Modell noch einmal von allen Seiten. Gebrauchsspuren sind nicht zu sehen. Sie greifen zu. Im Büro angekommen, konfigurieren Sie Ihren neuen Assistenten, statten ihn mit weiterer Software aus und testen, ob er mit der vorhandenen Technik kompatibel ist. Alles ist wunderbar und Sie sind rundum zufrieden. Vorläufig. Innerhalb der nächsten drei Tage stürzt der Computer mehrfach ab, immer wenn Sie im Präsentationsprogramm arbeiten. Und die Textänderungen will er einfach nicht speichern.

Ihre Mundwinkel folgen der Schwerkraft und das Grummeln in Ihrem Bauch kehrt zurück. Als Sie das Gerät zurückbringen, machen Sie eine gute Erfahrung. Erfreulicherweise. Der Händler tauscht Ihr Gerät ganz selbstverständlich gegen ein neues aus und nimmt von Ihnen zwei grüne Scheine in Empfang. An diesem Tag legen Sie ein Bekenntnis ab. Wenn das Grummeln wieder auftaucht, werden Sie sich abwenden, egal, wie verlockend das Angebot ist.

Sie wenden sich zu

Ich höre es sehr ungern, doch leider immer wieder. Frauen haben die Neigung, sich zu bescheiden: mit dem Zweitbesten. Statt das für sie Beste zu wählen, bestellen sie ein Gericht, das etwas günstiger ist als ihr eigentlicher Wunsch. Oder sie kaufen dann doch lieber das kleinere Smartphone. Es muss ja nicht die allerneueste Technik sein. Die Zuwendung funktioniert hier schon. Die Frauen wissen, was sie wirklich wollen. Doch sie handeln noch nicht danach. Bitte tun Sie es. Entscheiden Sie sich ab jetzt für die erste Wahl! Sie werden glücklicher sein. Denn der Erfolg einer konsequenten Aufrichtigkeit ist immer Erfüllung.

Sie verhalten sich ambivalent

Im Herbst ist es so weit. Hannah wird ihre Prüfung ablegen. Sie wird die bisherigen Bedingungen hinter sich lassen: den Status einer Schülerin, die Einbettung in ihre Ausbildungssituation, die vertraute Umgebung, Orientierung und Bestätigung. Sie wird über diese Stufe in eine neue Ebene und einen neuen Raum von Selbstständigsein wechseln.

Seit ein paar Tagen ist sie unruhig. Sie öffnet Herrn Zweifel bereitwillig die Tür und fordert ihn dazu auf, sich in ihren Gedanken niederzulassen. Eine vertraute Art von Abwendung! Dabei hat sie mit der Übung Zuwendung in den letzten sechs Monaten hervorragende Ergebnisse erreicht. Aus einer gestressten Langstreckenkämpferin ist eine achtsame, selbstbewusste und souveräne Existenzgründerin geworden. Und jetzt ist sie auf dem besten Weg, sich wie früher zu sorgen und zu ängstigen. Wie findet sie wieder auf ihren Weg zurück?

Was machen Sie, wenn Sie sich auf einer Wanderung verlaufen? Ich wette, Sie schauen auf die Landkarte. Im Idealfall haben Sie sogar eine Wegbeschreibung dabei, in der Markierungen genannt und abgebildet sind. Trotzdem kann es vorkommen, dass Sie nicht wissen, welche Richtung Sie einschlagen müssen. Dann entscheiden

Sie mit Ihrer Intuition. Das Wichtigste ist jedoch Ihre Haltung. Sie wollen den Weg gehen und Sie wollen ankommen.

☞ *Tipp: Wegweiser*

Zeichnen Sie Ihren Wegweiser auf und hängen Sie ihn an den Spiegel. Fertigen Sie eine zweite Zeichnung an, die Sie immer bei sich tragen. Der Effekt ist derselbe wie an der Weggabelung auf Ihrer Wanderung: Sie entscheiden sich für eine Richtung. Und diese ist maßgeblich für Ihren Blick und für Ihr Handeln.

Natürliche Ordnung

Mein Blick auf die Natur und auf die Menschen in meiner Umgebung ist der einer Europäerin mit deutschen Wurzeln. Mein Standort ist Berlin. Hier lebe und arbeite ich. Die folgende Betrachtung stelle ich daher an im Kontext dieses Kulturkreises.

Mein Verständnis von Natur ist Harmonie. Ein System, das aus sich heraus dafür sorgt, dass ein Gleichgewicht zwischen positiven und negativen Kräften gegeben ist. Die Natur folgt einer ihr innewohnenden Ordnung. Das Pflanzenreich hält sich im Jahreszeitenkreislauf an ein natürliches Stirb und Werde. Tiere respektieren die Ordnung ihrer Gattung. Vögel wissen, wann sie wohin zu fliegen haben, um ihre Art zu erhalten. Der menschliche Körper ist von sich aus bestrebt, das physische System gesund zu erhalten. Jede Zelle folgt dem Prinzip der Lebenserhaltung, Reinigung und Erneuerung.

Der Mensch besitzt einen freien Willen. Und damit kann er sich der natürlichen Ordnung widersetzen. Tut er das, schafft er ein Ungleichgewicht. Für sich selbst und für seine Umgebung. Jedes Ungleichgewicht führt zu einer kleinen oder großen Form von Leid und betrifft in der Regel alle Lebensbereiche. Die Waagschalen des Lebens sind nicht mehr ausgewogen. Die Person befindet sich in einer Schieflage.

Diese Sichtweise kann in der Betrachtung aller geistigen, psychischen und physischen, individuellen und gesellschaftlichen sowie existenziellen und unternehmerischen Ebenen angewandt werden. Häufig sind Schieflagen der Beweggrund für ein Coaching oder eine Unternehmensberatung mit dem Wunsch, das Übel zu beseitigen. Wünschenswert sind ein wachsendes Interesse am Erhalt und Ausbau von Gleichgewicht und ein grundsätzliches Bewusstsein für Harmonie.

Ich möchte Sie hier und im weiteren Verlauf des Buches für die kausalen und systemischen Zusammenhänge und Lösungen sensibilisieren. Im Fall einer Schieflage ist die Lösung wie immer ganz einfach. Sie reduzieren das Übergewichtige und vermehren das Untergewichtige. Und schon ist das Gleichgewicht wiederhergestellt!

Zwei Wege zum Erfolg

Beginnen wir dieses Kapitel mit einer Frage. Nachdem Sie sich nun schon etwas vertraut gemacht haben mit den in diesem Buch vertretenen Erfolgsansichten, frage ich Sie jetzt noch einmal: Was bedeutet für Sie Erfolg? Hier und jetzt. Bitte schreiben Sie das Ergebnis auf.

Könnten wir an dieser Stelle zusammentragen, welche Antworten Leserinnen und Leser notiert haben, würden wir feststellen, dass die Erfolgsklischees des letzten Jahrhunderts von Reichtum, Karriere, Haus, Baum, Familie und Auto zwar noch vorhanden sind, aber ihr Stellenwert geringer geworden ist. Es gesellen sich Freude an sinnvoller Arbeit, gute Beziehungen, gesunde Lebensart und ein erfülltes Leben hinzu. Lebens- und Bildungsstandard sind in unserem Kulturkreis in den letzten 100 Jahren deutlich gestiegen. Die individuelle Entwicklung und Entfaltung besitzt einen höheren Rang.

Parallel dazu verleitet die Informationsflut zu verstärkter Außenorientierung und fordert den Menschen des 21. Jahrhunderts zu Hochleistungen in Sachen Entscheidung auf. Die Ordnung der alten Systeme bot dem Einzelnen einen überschaubaren Horizont mit klarem Regelwerk, an das er sich freiwillig hielt, weil es ihm Orientierung, Halt und Gemeinschaft bot.

Heute sieht er sich mit schier grenzenlosen Möglichkeiten konfrontiert. Er kann Beziehungen aufgeben und neue eingehen, Religionsgemeinschaften verlassen, ohne geächtet zu werden, sich im Internet über die ausgefallensten Themen informieren, sich ohne Eigenkapital mit einem Nischenprodukt als Online-Marketender versuchen, im Idealfall damit einen internationalen Markt erreichen.

Eine andere Person ist politisch interessiert und engagiert sich über die sozialen Medien in einer weltweit agierenden Organisation.

Menschen können sich minütlich über das wirtschaftliche, soziale und kulturelle Weltgeschehen informieren, sich in virtuellen Räumen bewegen, global vernetzt sein und dabei gleichzeitig in dieser Realität vereinsamen. Das menschliche Gehirn verarbeitet heute ein Vielfaches mehr als vor der Einführung des Fernsehens und der Eröffnung virtueller Räume im Internet. Ein verstärkter und stabiler Bezug auf die eigenen Werte und Haltungen ist notwendig, damit Vergleichsmöglichkeiten nicht ins Bodenlose führen und persönliche Entscheidungen die Persönlichkeit des Einzelnen stärken. Persönlichkeitsbildung heute ist unmittelbar mit einem klaren Blick, subtiler Unterscheidungsfähigkeit und einer Verankerung in der eigenen Mitte verbunden.

Einstimmung

Ich lade Sie jetzt zu einer Erfahrung ein, die bei vielen Teilnehmern meiner Workshops zu einer bleibenden Erinnerung geworden ist. Diese Erfahrung können Sie mit zwei einfachen Übungen machen, die Sie bitte nacheinander in der gegebenen Reihenfolge und mit höchster Achtsamkeit ausführen. Sie brauchen für die Übung zwei leere Blätter, einen Stift, Ruhe und eine sich selbst zugewandte innere Haltung.

Übung 1 – Teil 1

Achten Sie auf Ihre Gedanken und fühlen Sie Ihre Emotionen. Nehmen Sie wahr, was Sie vor, während und nach der Übung assoziieren.

Bitte zeichnen Sie eine rechtsdrehende Spirale.
Markieren Sie danach Ausgangspunkt und Drehrichtung.
Betrachten Sie anschließend Ihr Werk.
Notieren Sie jetzt, was Sie gedacht und empfunden haben.

Übung 1 – Teil 2

Achten Sie auf Ihre Gedanken und fühlen Sie Ihre Emotionen.
Nehmen Sie wahr, was Sie vor, während und nach der Übung assoziieren.
Bitte zeichnen Sie eine linksdrehende Spirale.
Markieren Sie danach Ausgangspunkt und Drehrichtung.
Betrachten Sie anschließend Ihr Werk.
Notieren Sie jetzt, was Sie gedacht und empfunden haben.

Sie werden es wissen, wenn sich der Sinn dieser Übungen im Verlauf dieses Kapitels offenbart. Ich komme wieder darauf zurück.

Vertraute und sinnvolle Wege zum Erfolg

Einige Seiten zuvor habe ich darüber gesprochen, dass die natürliche Ordnung stets Gleichgewicht bedeutet. Harmonie. Das heißt, im Rahmen einer dualen Ordnung von positiv und negativ sind beide Pole ausgewogen, gleichwertig und sinnvoll. Das geschieht, wenn der Mensch mit dieser Ordnung im Einklang lebt. Gleichgewicht und Harmonie sind keine statischen Zustände, sondern immerwährende Prozesse. Das Leben ist Bewegung. Seinem Wesen nach ist es ein Perpetuum mobile (ein sich ständig Bewegendes), an dem wir teilhaben, das uns bewegt, das wir bewegen und das wir in die eine oder andere Richtung beeinflussen.

Beginnt der Einzelne nun mit einer Gegenbewegung nach seinem Willen im Sinne eines Missklangs und wiederholt diese bis zur Realisierung eines Missstandes, dann hat er sein Leben oder seine Selbstständigkeit (und oft auch das seiner nahen Umgebung) in eine Schieflage geführt. Auffällig ist, dass Schieflagen das Ergebnis einer grundsätzlichen Außenorientierung ihres Verursachers sind. Diese außenorientierte Haltung entspricht dem Anpassungsmodus. Das ihm entsprechende Symbol ist die rechtsdrehende Spirale.

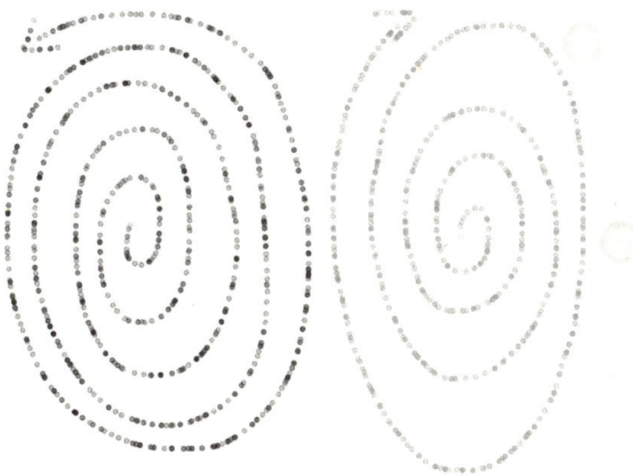

Der Anpassungsmodus (AM)

Diese Sichtweise ist das Ergebnis zahlreicher Beobachtungen, die sich im Laufe der Jahre bestätigt haben und symbolisch verstanden werden möchten. Ich betone noch einmal, dass rechts- und linksdrehende Bewegungen in einem ausgewogenen Verhältnis zueinander natürlich, gleichwertig und wichtig sind. Erfolg ist auch hier stets das, was folgt. Gesunde Anpassung hat gesunde Folgen wie Erhaltung, Formgebung, Struktur. Ungesunde Anpassung hat ungesunde Folgen wie Unterwürfigkeit und Fremdbestimmung.

Zur Verdeutlichung lernen Sie den Prozess einer übergewichtigen Anpassung und seine negativen Folgen kennen. Schauen wir uns einmal die Anpassungsstationen einer ganz normalen Biografie an.

Das Ungeborene. Es lebt im Bauch der Mutter und wird von ihrem Körper und ihrer Nahrung versorgt. Es nimmt ihre Emotionen wahr, hört den Klang ihrer Stimme und wird beeindruckt von ihrer Lebensführung und Umgebung. Pflegt die Schwangere einen verantwortungsbewussten und liebevollen Umgang mit dem Kind und sich selbst, wird sich das Ungeborene gut entwickeln können. Doch welchen Einfluss wird eine Mutter, die in einem Klima von Angst, Sorge und Not, Vernachlässigung, Drogenmissbrauch und Gewalt lebt, auf die Psyche und Gesundheit ihres Kindes nehmen?

Die Geburt. Sie ist besonders prägend und beeinflusst die Lebenshaltung eines Menschen nachhaltig. Schreckliche Geschichten von Müttern und Kindern erzählen so zahlreich davon, dass eine negative Anpassung als Normalität und die natürliche Geburt als Ausnahme vermutet werden kann. Ich bin sicher, dass Sie die Negativprägungen und ihre Folgen auch am Beispiel der positiven Variante erkennen werden. Darum soll hier die Ausnahme zur Veranschaulichung dienen. Ja, ich höre Ihren Einwand und akzeptiere Ihren Widerstand, wenn Sie als Kind oder Mutter betroffen sind – und ich sehe Ihr zustimmendes Nicken und fühle Ihre Dankbarkeit, wenn Sie zur Ausnahmegruppe gehören.

Trost und Hoffnung liegen an jeder biografischen Station in der Möglichkeit, Traumata zu erlösen und die in ihnen gebundene Lebenskraft für die Gestaltung eines glücklichen Lebens zurückzugewinnen. Wer entscheidet im positiven Fall, wann die Geburt beginnt und wie sie verläuft? Es sind Mutter und Kind gemeinsam. Beide bringen eine große Eigenständigkeit und Weisheit für dieses natürliche Ereignis mit. Ist das Vertrauen in diesen Prozess und zueinander gegeben, kann die Geburt für beide die wunderbarste Erfahrung ihres Lebens werden. Wichtig ist, dass die Mutter Bedingungen schafft, die sie für ihr Wohlbefinden und die Sicherheit für sich selbst und das Kind braucht. Der Geburtsort kann die häusliche Umgebung sein, ein Geburtshaus oder eine Entbindungsstation, ein Arzt in der Nähe und eine Hebamme als Begleiterin. Wie lebensbejahend wäre es, könnte es danach ebenso natürlich weitergehen und würden Eigenständigkeit wie Einklang von Mutter und Kind gesehen und respektiert werden!

Familie. Es gibt solche Geschichten. Und es gibt glückliche Menschen. Eine davon zeigt der Ende 2013 erschienene Film *alphabet*. Die Eltern des Protagonisten hatten sich dafür entschieden, das Wesen ihres Kindes zu sehen, seine Bedürfnisse zu erkennen, seinen Wissensdurst und seine Gaben zu fördern und ihm Orientierung und Schutz zu bieten. Heute ist das Kind, das niemals eine Schule besucht hat, ein erwachsener Mann, Instrumentenbauer und Musiker. Er spricht mehrere Sprachen, hat eine Familie gegründet und lebt ein erfülltes Leben. Ich stelle mir gern vor, wie das Leben wäre, wenn alle Menschen so aufwachsen würden wie jenes Kind. Die Besonderheiten des 21. Jahrhunderts berühren diese existenziellen Fragen nach dem Wesentlichen. Wo beginnt der negative Anpassungsmodus? Wie kann er überwunden und ausgeglichen werden? Es liegt auf der Hand: Wenn Sie damit beginnen, sich selbst mit demselben Blick zu betrachten, wie es die Eltern in dieser Geschichte getan haben.

Hort, Kindergarten und Schule. Und wieder sind es die äußeren Bedingungen, die zur standardisierten Manipulation und später zur Selbsthypnose werden. Der Satz »Ich muss!« dringt in die Ohren und Köpfe der Kinder und hallt später in eigenen Gedanken wider. Eltern richten sich nach vorgegebenen Öffnungszeiten, Kinder werden zu Unzeiten geweckt und in Hort und Kindergarten gezerrt, damit Mütter und manchmal auch Väter pünktlich am Arbeitsplatz erscheinen können. Über folgendes Beispiel beklagt sich eine Grundschullehrerin. Es zeigt überdeutlich, welchen Stellenwert Anpassung in unserem Bildungssystem einnimmt. »Grundschüler dürfen sich glücklich schätzen, wenn sie von ihrer Lehrerin zum freien Malen angeleitet werden. Der Standard erlaubt nur das Ausmalen von Schablonen.«

Ausbildung und Studium. Welche Folgen aus einer solchen Pädagogik resultieren, davon berichtet mir ein junger Existenzgründer. Er erlebte im Studium, welche Überforderung ein Professor bei seinen Kunststudenten auslöste, als er ihnen die Entscheidung des Größenformats für die nächste Hausaufgabe zumutete. Ich erinnere mich noch gut an den Anruf des Direktors bei meiner Vorgesetzten zu Beginn meiner Ausbildung in der Bank. Wie jeden Morgen kontrolliert der mächtige Herr im blauen Maßanzug von der Galerie der Vorstandsetage die Mitarbeitenden in der großen Kassenhalle. Ich werde gerügt für meine Kleidung und angehalten, mich an die Etikette zu halten. Dass Frauen Hosen oder kurze Röcke tragen, ist unerwünscht! Drei Tage passe ich mich an. Widerwillig. Weitere drei Tage folge ich, einem zweiten Verweis. Länger ist unmöglich. Das geht zu weit! Eine dritte Rüge bleibt aus. Und ich bleibe – in der Bank mit Hose oder kurzem Rock. Schon bald bin ich in bester Gesellschaft.

Gesellschaft. Bei allem Respekt, den ich vor Recht, Ordnung und Sicherheit in unserem Land habe, entdecke ich doch nur in Ausnahmefällen eine kulturelle, ökonomische oder politische Absicht, die natürliche Eigenständigkeit des Bürgers zu fördern. Wer eigenes Denken, kreatives Gestalten, eine freie, aufrechte Haltung und konsequentes Handeln lebt, gehört zur Minderheit. Die Erziehung zur Anpassung ist erfolgreich gelungen. Ihr Regelwerk sitzt tief im Bewusstsein des Einzelnen und zeigt sich jedes Mal, wenn er denkt oder spricht: »Ich muss!«

Die Linie der biografischen Anpassungsstationen zeigt auf, mit welchem Ziel Menschen in unserem Kulturkreis sozialisiert werden. Ihre Mechanismen und Konsequenzen sind dem Einzelnen nur selten bewusst. Er trägt sie in alle Lebensbereiche und bestätigt sie durch eigene Reproduktion. An dieser Stelle setzt meine Passion an. Wenn Sie Bewusstsein hineinbringen in Ihre Gedanken- und Haltungsstrukturen, können Sie Ihre Prägung selbst in die Hand nehmen.

Die rechtsdrehende Spirale

Hier komme ich nun auf Ihre Erfahrung mit der rechtsdrehenden Spirale zurück. Was haben Sie empfunden? Was haben Sie gedacht? Bitte prüfen Sie jetzt, welche der folgenden Beispiele auf Sie zutreffen, die typisch sind für einen negativen Anpassungsmodus und die je nach Grad einer Schieflage in ihrer Folge immer nach unten führen.

Die meisten meiner Workshopteilnehmer empfinden die rechtsdrehende Spiralbewegung als vertraut und angenehm. Sie gibt Halt, führt beim Zeichnen entweder in die Mitte oder an den Rand des Papiers. Diese Grenze wird übrigens immer akzeptiert, weil sie vertraut ist.

Rechtsdrehend heißt im positiven Sinn, den Kreis schließen, etwas auf den Punkt bringen, aber auch, und hier beginnt der Übergang zur negativen Anpassung, den Vorgaben und Erwartungen unfreiwillig folgen, gut genug sein, entsprechen wollen. Bitte schauen Sie einmal in Ihren Alltag. Wo machen Sie dort rechtsdrehende Bewegungen? Sie werden entdecken, dass Sie alle Deckel mit Gewinde rechtsherum zudrehen, Schrauben, bis auf wenige Ausnahmen, drehen Sie rechtsdrehend fest.

Einige Personengruppen, unter anderem Leistungsempfänger des Arbeitsamts, müssen sich an ihre Residenzpflicht halten. Das hat rechtsdrehende, fremdbestimmte Qualität. Wer zu geschlossenen Kreisen gehören möchte, muss sich an die Vorgaben halten. Im Extremfall grenzen diese Kreise andere aus und ihre Mitglieder ein. Beispiele hierzu gibt es überall. Sie fühlen sich nie gut an. Und wer kennt sie nicht, die rechtsdrehende Gedankenspirale?!

Wenn Sie sich mit Ihren Gedanken im Kreis drehen, sitzen Sie fest. Betreiben Sie dieses Spiel weiter, ziehen Sie sich herunter. Sie schaffen eine nach rechts und abwärts drehende Spirale, die sich nach unten hin verengt. Wenn Sie sich mehrfach herunterziehen, verfinstern Sie Ihre Gedanken, beschweren sich, fühlen sich dumpf. Ihr Körper reagiert darauf mit Anspannung. Muskeln verfestigen sich, Atmung verflacht, die Nasenspitze und Ihre Extremitäten kühlen ab, Sie empfinden Enge und Angst. Eine zyklisch wiederholte rechtsdrehende Gedankenspirale macht klein, Ihr Selbstwert sinkt, Sie schwächen Ihr Selbstvertrauen, Ihr Mut sinkt.

Durch eine fortwährende Fremdorientierung, denn Sie »müssen« ja, verlieren Sie mehr und mehr die Orientierung an sich selbst. Die zunehmende Destabilisierung erzeugt ein Gefühl von Abhängigkeit. Sie suchen im Außen nach Erlaubnis und Bestätigung. Dieser Zustand kann so weit führen, dass die Suche zur Sucht wird und Sie sich selbst mit einem »Ich muss doch ...!« in die Nähe von Katatonie (siehe Glossar) bringen. Mit dieser rechtsdrehenden

Abwärtsspirale können Sie sich bis in die tiefsten Tiefen ziehen, bis Sie sich von sich selbst und der Welt bewusstseinsmäßig und emotional getrennt erleben. In diesem Zustand fühlen Sie sich verloren. Sie sind bindungsunfähig, weil Sie die Verbindung zu sich selbst verloren glauben. Sie schätzen sich gering, werten sich ab, verhalten sich lieblos und abgewandt. Am unteren Ende der Spirale warten Einsamkeit, Krankheit, Depression, Burn-out, Drogensucht und Suizid.

Auch diese Ereignisse sind die Ergebnisse Ihrer Vorgaben, also Erfolge. Denn Erfolge sind ihrem Wesen nach neutral. Sie fragen nicht nach positiv oder negativ. Diese Bewertung nimmt der Mensch vor. Nachträglich oder währenddessen. Und der Mensch entscheidet, was er denkt, woran er sich orientiert und wie weit er sich von sich selbst abwendet.

An diesem Punkt wird mehr als deutlich, welche existenzielle Bedeutung der Unterscheidungsfähigkeit zukommt. Ich höre oft, dass diese Fähigkeit von Bildung abhängig sei. Wie kommt es dann, dass die Haupttodesursache in unserer Zivilisation Herz-Kreislauf-Erkrankungen sind? Menschen sind lernfähig. Auch am untersten Ende einer negativen Abwärtsspirale. Bildung durch Informationen ist wichtig und zugänglicher denn je für jedermann, aber in diesem Fall zweitrangig. Unterscheidungsfähigkeit, Bewusstsein und Weisheit gehen immer einher mit Herzensbildung. Sie ist es, um die es in diesem Jahrhundert geht. Darum bitte ich Sie, machen Sie Ihr Leben (wieder) zu Ihrer Herzensangelegenheit. Gleichen Sie vorhandene Schieflagen im negativen Anpassungsmodus aus und lesen Sie auf den nächsten Seiten, wie Sie in den Zentralisierungsmodus wechseln und diesen weiter ausbauen können.

Der Zentralisierungsmodus (ZM)

Nun, welche Notizen stehen auf dem Blatt neben Ihrer linksdrehenden Spirale? Waren Sie befremdet von dieser Bewegungsrichtung oder erleichtert? Konnten Sie eine wohltuende Dynamik während des Zeichnens erleben? Fühlten Sie sich frei und offen?

In den Workshops sehe ich, wie einige Teilnehmer in höchster Konzentration mit der Frage beschäftigt sind, wie herum sie denn nun linksdrehend malen sollen. Sie wollen ein ordentliches Ergebnis abliefern und sie schielen heimlich zu ihren Nachbarn hinüber. Sie sind mehr damit beschäftigt, die Aufgabe richtig zu erfüllen, als den Prozess der linksdrehenden Bewegung wahrzunehmen. Allein an dieser Tatsache erkennen Sie, wie weit Anpassungsmechanismen greifen. Nach dem Leistungsprinzip programmierte Menschen neigen dazu, sich mit anderen zu vergleichen, statt zuerst ihrer eigenen Wahrheit zu folgen. In unserem Kulturkreis sind wir alle mehr oder weniger davon betroffen. Die gute Nachricht ist, dass jeder von uns einen achtsamen Umgang mit diesen Programmen pflegen und ihre Neugestaltung erlernen kann.

Dann gibt es wenige Teilnehmer, die aus ihrer Mitte heraus impulsiv oder ganz bedacht die linksdrehende Spirale zeichnen, anschließend aufblicken und lächeln. Ihre Augen leuchten, weil sie etwas gesehen und berührt haben, das ihnen sehr, sehr nahe ist. Dann hat diese einfache zeichnerische Bewegung spontan ihren meditativen und heilsamen Charakter enthüllt. Es kann auch zu einem begeisterten Ausruf kommen, weil eine weit über das Blatt hinausgehende Raumerfahrung gemacht wurde.

Meine Hand zeichnet ganz selbstverständlich immer dann linksdrehende Spiralen in die Luft, wenn meine Mandantinnen inspiriert sind und sie begeistert ihre Visionen entwickeln. Die öffnende

Dynamik dieser Bewegung ist stets gekoppelt an Selbstbezug, Eigeninitiative und Vertrauen in den Augenblick. Das gesunde Format einer linksdrehenden Spiralbewegung ist in sich zentriert. Es stärkt den Bodenkontakt und die Verwurzelung im eigenen Selbst. Darum nenne ich diesen Zustand Zentralisierungsmodus. Sie erweitern sich, zeigen Interesse und Mut. Sie nehmen eine Position ein und Sie besitzen Standvermögen. Wenn Sie Ihrem Geist erlauben, sich weiter in dieser Richtung zu drehen, werden Sie Ihre Kreativität entfalten und innovative Ideen umsetzen. Ich sehe einen Menschen vor mir, der geistig und körperlich aufgerichtet ist, mit beiden Füßen am Boden steht, der mit einem großen Wohlgefühl Neues wagt und erfährt, wie leicht es ist, im Kontakt mit sich selbst und der Umgebung das persönliche und berufliche Leben zu gestalten.

Wenn er diesen Prozess weiter fortsetzt, wird dieser Mensch voller Vertrauen seine Potenziale anschauen, annehmen und nutzen. Er weiß, dass er stark ist und mit möglichen Unwägbarkeiten umgehen kann. Er wird die sich ihm darbietenden Möglichkeiten erkennen und wahrnehmen und im eigenen Wachstumsprozess seine Umgebung fortwährend mit befruchten. Dieser Mensch ist in sich selbst verankert und kann den haben wollenden Ego-Bezug ablegen, weil er ein Gebender geworden ist. Wer aus dem Zentrum schöpfen lernt, ist frei. Er fühlt sich zugehörig, wertschätzt seine Situation, wendet sich dem Leben zu, ist beziehungsfähig und kann lieben.

Jetzt haben Sie ein Bild davon, was Sie in die Waagschale legen können, damit Sie aus einer Schieflage ins Gleichgewicht kommen. Als Orientierungshilfe sind die grundsätzlichen Voraussetzungen, Entstehungsprozesse und Tiefpunkte von Schieflagen in der folgenden Matrix übersichtlich geordnet. Sie haben auf jeder, selbst auf der letzten Stufe die Wahl. Sie können neu entscheiden und im wahrsten Sinne des Wortes die Seite wechseln.

Anpassungsprinzip	Beispiele	Zentralisierungsprinzip	Beispiele
Rechtsdrehend	Den Kreis schließen Es auf den Punkt bringen	Linksdrehend	Inspiration Intuition Vision
Vertraut	Die Fremdorientierung Vorgaben und Erwartungen folgen	Fremd	Der Selbstbezug, die Eigeninitiative, dem Augenblick vertrauen
Verschließend	Etwas zudrehen, festdrehen Die Schraube drehen	Öffnend	Etwas aufdrehen, herausschrauben, Türschlüssel drehen
Begrenzend	Residenzpflicht	Erweiternd	Interesse, Mut
Manipulierend	Geschlossene Kreise	Positionierend	Erdung und Standvermögen
Kreisförmig drehend	Sich im Gedankenkreis drehen	Kreisförmig drehend	Kreativität und Innovation
Spiralförmig Abwärts drehend Verengend	Energie zieht nach unten, beschwert, verfinstert, macht dumpf	Spiralförmig Aufwärts drehend Erweiternd	Neues wagen, sich aufrichten, leicht, einfach, schön, Wohlgefühl
Verfestigend	Anspannung, Enge, Angst, Kälte	Zirkulierend	Impulsiv, leidenschaftlich, Freude, Wärme, Weite
Zyklisch verkleinernd	Selbstwert sinkt	Zyklisch wachsend	Potenziale annehmen
Schwächend	Vertrauen + Mut sinken	Stärkend	Vertrauen + Mut steigen
Destabilisierend	Orientierungsverlust	Stabilisierend	Gewissheit
Abhängigkeit erzeugend	Such(t)e nach Erlaubnis und Bestätigung	Autonomie stärkend	Befruchtend, selbstbestimmt
Stereotypisierend	Ich muss doch ...	Flexibilität fördernd	Möglichkeiten wahrnehmen
Trennungs-bewusstsein Je weiter entfernt, desto bewusstseinsmäßig und emotional getrennter	Auf der Suche sein, Verlorenheit, Bindungsunfähigkeit, Geringschätzung, Abwertung, Lieblosigkeit, abgewandt sein	Verbindungsbewusstsein Immer in Verbindung Aus dem Zentrum schöpfend Entfernungsunabhängig	Zugehörigkeit, Selbstbezug statt Egobezug, Kreativität, Wertschätzung, Spiritualität, Freiheit, Liebe, zugewandt sein
Andere	**Beispiele**	**Andere**	**Beispiele**
Wasserstrudel rechts	Südlich vom Äquator	Wasserstrudel links	Nordhalbkugel
Wirbelstürme rechts	Südlich vom Äquator	Wirbelstürme links	Nordhalbkugel
Weinbergschnecken	Grundsätzlich rechts	Weinbergschnecken	1 links von 1.000
DNA rechts	Doppelhelix, A+B DNA	DNA links	Z-DNA
Milchsäure-Fermentation rechts	Körpereigen, schnelle Verstoffwechslung	Milchsäure-Fermentation links	Körperfremd, langsame Verstoffwechslung

☞ *Tipp: Linksdrehende Luftspiralen*

Wenn Sie das nächste Mal eine abwärts drehende Gedankenspirale initiiert haben oder in einer Situation festsitzen, zeichnen Sie für eine Weile linksdrehende Spiralen in die Luft. Dazu stützen Sie Ihren Ellbogen auf der Stuhllehne ab, während Unterarm und Hand senkrecht zur Decke zeigen, und lassen nun locker das Handgelenk kreisen. Sie werden überrascht sein, was passiert. Tragen Sie zusätzlich eine kleine Handzeichnung von Ihrer linksdrehenden Spirale in der Hosentasche, nach der Sie jederzeit greifen können, und Sie sind bestens versorgt.

Wie Sie Erfolge gestalten

Im Coaching ziehe ich immer und immer wieder den Vorhang Ihrer Anpassungsgewohnheit an die Seite, soweit es in meiner Macht liegt und Sie es erlauben, damit Sie einen freien Blick haben auf die zahlreichen Möglichkeiten, mit denen Sie in einen zugewandten und zentrierten Modus gelangen können. Wir sehen uns in der Regel in einem wöchentlichen Abstand. In den Tagen zwischen den Terminen sind Sie mit den im Coaching bewegten Inhalten beschäftigt. Beim nächsten Mal reflektieren wir Ihre damit gemachten Erfahrungen. Wir gehen eine Verbindung ein, die Ihre Aufmerksamkeit bindet. Sie hat das Ziel, dass Sie Ihre Blickrichtung klären und beibehalten.

Wie können Sie nun als Lesende Ihrerseits eine ähnliche Haltung entwickeln, während ich Sie durch dieses Buch führe? Sie sehen schon, in diesem Fall gehen Sie, Ihre Haltung betreffend, eine höhere Verantwortung ein. Sie können jetzt die Entscheidung treffen, achtsamer zu sein als bisher, damit Sie klarer sehen und fühlen, was Sie denken und wie Sie handeln. Weil dieses Buch eine Reise ist, die wir gemeinsam unternehmen. Vom ersten bis zum letzten Wort.

Bevor Sie die Gestaltung Ihrer Erfolge fortführen, empfehle ich Ihnen, Papier und Stift zur Hand zu nehmen. Führen Sie ein »Reisetagebuch« und sprechen Sie darin mit mir über alles, was Ihnen wichtig ist, so als säßen wir uns gegenüber. Damit erhöhen Sie Ihre Aufmerksamkeit und werden zunehmend achtsamer. Wenn Ihnen dieser Vorschlag gefällt, schreiben Sie mir gern eine E-Mail oder einen echten Brief und berichten mir, welche Erfahrungen Sie mit diesem Format gemacht haben.

Alternativ können Sie ein Coachingbuch, einen Spiralblock, einen Ordner mit losen Blättern oder eine digitale Datei auf Ihrem Tablet oder PC anlegen. Egal, welche Wahl Sie treffen, schreiben Sie ab jetzt alle Ideen, Gedanken und Notizen zu Ihrem Erfolgsprozess nieder. Wenn Sie handschriftlich arbeiten, kann eine meditative Stimmung entstehen, in der Sie sich besonders nahe sind. Arbeiten Sie am Computer, können Sie gut gelungene Formulierungen gleich in Ihr Angebot oder Konzept kopieren. Manchmal bietet sich auch beides an: das Papier für die Notizen unterwegs, der Computer am Arbeitsplatz oder zu Hause. Probieren Sie aus, was für Sie am besten ist.

Der Sinn des Schreibens

Welchen Sinn macht es, wichtige Dinge aufzuschreiben? Sie können es in folgender Reihenfolge selbst testen.

Stufe 1: Denken. Sie haben eine Geschäftsidee und das Gefühl, dass diese schon gut durchdacht ist.

Stufe 2: Sprechen. Sie erzählen Ihren Freunden davon und bekommen positives Feedback.

Stufe 3: Schreiben. Sie schreiben Ihre Geschäftsidee auf und stellen fest, dass …

Nun, welche Erfahrung haben Sie gemacht?

So manche Gründerin erklärt mir, dass sie ihr Konzept schon fix und fertig im Kopf hat. Dieses sei innerhalb eines Tages schriftlich verfasst. Kein Problem. So denkt sie. Das ist Stufe 1.

Im Gespräch stellt sie fest, dass sie die Bedarfsgruppe noch konkretisieren muss. Bisher dachte sie, ihre Kunden, das seien alle, unabhängig von Alter, Geschlecht und Beruf. Wir schauen uns an, welche spezifischen Bedürfniskriterien sie bei ihren Kunden erfüllen möchte und welche Ansprache dazu passen könnte. Auf Stufe 2 werden Gedanken in Sprache übertragen. Das gesprochene Wort wird bereits als etwas Geäußertes wahrgenommen und kann mit einer weiteren Person reflektiert werden. Es nimmt Gestalt an.

Auf Stufe 3 verlangt der geschriebene Gedanke, das geschriebene Wort eine höhere Klarheit und Präzision als das gesprochene. Der Konkretisierungs- und Differenzierungsprozess schreitet während des Schreibens weiter fort und kann zur ersten Herausforderung einer Gründerin werden. Ich bin also nicht überrascht, wenn die Gründerin für die Niederschrift ihres Konzepts deutlich mehr Zeit benötigt, als sie denkt.

Außerdem ist der Aufwand zielabhängig. Wenn es sich um eine Gründung aus Arbeitslosigkeit handelt und ein Gründerzuschuss beantragt wird, reichen fünf bis zehn Seiten Text und die Rentabilitätsplanung für drei Jahre plus eine Tragfähigkeitsbescheinigung von einer fachkundigen Stelle (das sind unter anderem Unternehmens- und Steuerberater). Bin ich damit beauftragt, prüfe ich den inhaltlichen Teil des Konzepts und den Finanzplan und bescheinige anschließend mit Stempel und Unterschrift, dass ich das Geschäftsvorhaben als marktfähig und rentabel einschätze. Bis der schriftliche Teil des Konzepts abgabefertig ist, nimmt er innerhalb einer Woche in der Regel mehrere Male den E-Mail-Weg zwischen der Gründerin und mir. Ich mache Anmerkungen und Vorschläge, weise auf Ergänzungen hin und ermutige zu Konkretisierungen und klarer Positionierung. Ist die Gründung mithilfe einer Fremdfinanzierung geplant, erwartet die Bank eine differenzierte Darstellung der Geschäftsidee, Umsetzungsstrategie und perspektivischen Entwicklung. Solch ein Konzept hat einen Umfang von mindestens 30 Seiten und kann die Gründerin über mehrere Monate beanspruchen. Das dritte Motiv ist aus meiner Sicht das edelste. Dies ist der Fall, wenn die Gründerin sich aus eigenem Interesse schriftlich mit dem gedanklichen Konzept auseinandersetzen will.

Wie auch immer, das Wichtigste bleibt, dass die Gründerin das Geschriebene sieht, es vor sich »hinstellt«. Damit ist die erste Realisierungsstufe einer Idee erreicht, wie das alte Sprichwort weiß: »Wer schreibt, der bleibt.« Und nun sind Sie an der Reihe.

Übung 2: Teil 1 – Was ist Erfolg?

Nehmen Sie sich 60 Sekunden Zeit und schreiben Sie assoziativ, ohne nachzudenken. Der Sekundenzeiger Ihrer Uhr oder die Stoppfunktion am Smartphone kann Sie bei der Messung der Zeit unterstützen.

Stellen Sie sich die Frage: »Was bedeutet für mich Erfolg?« Und jetzt schreiben Sie.
Im nächsten Schritt schauen Sie sich die Ergebnisse an und formulieren diese aus.
Dann fühlen Sie bewusst, was Sie geschrieben haben. Notieren Sie nun Ihre Emotionen.
Was bedeutet es für Sie, wenn Sie Ihre Definition von Erfolg mit meiner Aussage »Erfolg ist das, was folgt!« ergänzen?
Finden Sie jetzt Ihre Antworten innerhalb von 60 Sekunden.

Das assoziative Abrufen von Informationen lernte ich bei Vera F. Birkenbihl, einem Genius auf deutschem Trainerparkett. Sie war eine der Pionierinnen des gehirngerechten Lernens und Arbeitens und übersetzte die neuesten Erkenntnisse aus der Gehirnforschung in wirkungsvolle Methoden. Sie rufen tatsächlich innerhalb von 60 Sekunden die wichtigsten Informationen von Ihrer inneren »Festplatte« ab und können den Datentransfer noch erhöhen, wenn Sie die Methode insgesamt dreimal anwenden. Ich wende diese Methode im Coaching, in Workshops und Meetings an und bin begeistert von ihrer Effizienz. Und schon geht es weiter mit der nächsten Frage.

Übung 2: Teil 2 – Ihre größten Erfolge!

Sie beginnen mit 60 Sekunden, schreiben Stichpunkte auf, wieder assoziativ.
Für den weiteren Verlauf nehmen Sie sich bitte so viel Zeit, wie Sie brauchen.
Fragen Sie sich nun: Wie habe ich meine größten Erfolge erreicht? Was habe ich gemacht? Wie habe ich mich verhalten?
Und zum Schluss filtern Sie die Stärken heraus, die Sie besitzen und eingesetzt haben.

Wie fühlen sich diese Stärken an? Kann ich darauf vertrauen, auch in anderen Situationen? Kann ich wertschätzen, was ich damit erreicht habe?

Die Kraft der Worte

Bea ist gern für andere da und nimmt sich selbst nicht so wichtig. So scheint es. Als sie im Workshop vor der Gruppe steht, hüllt sie sich zunächst in Befangenheit. Obwohl sie Networkerin ist und das Gespräch mit vielen Menschen ihre tägliche Arbeit auszeichnet, ist es ein neues Gefühl, die Aufmerksamkeit einer Gruppe auf sich persönlich gerichtet zu sehen. Vor uns steht eine Frau in mittleren Jahren, etwas scheu, etwas korpulent, mit anmutigen Bewegungen. Als sie ihre Vorstellung beginnt, scheint sie sich in die Mitte ihres Körpers zurückzuziehen, um dort Halt zu finden. Dann beschreibt sie mit ruhigen Worten ihre Rolle im Beruf und in der Familie, wie sie mit großem Feingefühl einen vierköpfigen Haushalt führt, ihre Großmutter über viele Jahre betreut und gepflegt hat und nebenher ihre Selbstständigkeit aufgebaut hat. Mit kleinen Schritten, so wie es die geringe Flexibilität erlaubte. Außerdem sind da noch Haus und Garten und ein kleiner Freundeskreis. Als die Großmutter stirbt, nimmt sie ihre Mutter zu sich. Trotz einer leichten Körperbehinderung entlastet sie Bea, wo sie kann. Bea hat kein Helfersyndrom. Das stellt sie überzeugend dar. Bea ist mitfühlend. Sie liebt. Sich selbst und ihrem Beruf mehr Raum zu geben, darum geht es ihr. Finanzielle Freiheit ist ihr erklärtes Ziel. Als Bea ihre Stärken beim Namen nennt, zum ersten Mal vor Publikum, ist sie tief beeindruckt von ihrer eigenen Kraft. Die Gruppe applaudiert einer Frau, die aufrichtig ausspricht, wer sie ist und was sie zu geben hat. Sie hat uns alle berührt. Das ist Beas Erfolg in der Gruppe und im Networking.

So starten Sie

Fassen wir noch einmal kurz zusammen. Sie lesen dieses Buch oder entscheiden sich für ein Coaching, weil Sie im klassischen Sinne erfolgreicher sein möchten als bisher. Sie hätten gern bessere Ergebnisse! Oder Sie wollen, dass ein negativer Zustand in Ihrem Unternehmen oder in Ihrem Leben verschwindet.

Ich versichere Ihnen, jede Veränderung hin zum Besseren braucht ein Ja zum Jetzt. Egal, in welcher Situation Sie sich gerade befinden. Das Hier und Heute ist Ihr Ausgangspunkt. Und wenn Sie sich auf den Kopf stellen, das ändert nichts daran, dass die aktuellen Fakten sind, wie sie sind. Widerstand gegen unangenehme, schmerzhafte und bedrohliche Situationen ist eine natürliche menschliche Reaktion. Sie wollen etwas einfach nicht wahrhaben. Sie sind fassungslos. Damit hatten Sie nie und nimmer in Ihrem Leben gerechnet. Und jetzt ist diese Tatsache einfach da. Ungefragt. Unverschämt. Unglaublich. Im ersten Moment ergreifen Sie die Flucht, lehnen sich auf oder erstarren zur Salzsäule. Ja, leben Sie diese archaischen Emotionen! Für eine Weile sind diese Ihre Realität. Sie sind genauso wahr wie die Tatsache, die jetzt in Ihrem Leben steht. Selbst wenn Sie das für eine bestimmte Zeit nicht wahrhaben wollen, irgendwann werden Sie ihre Existenz akzeptieren.

Warum gehe ich von einer negativen Ausgangssituation aus, wo es doch um Erfolg geht? Weil nur wenige Menschen zur Beratung und zum Coaching gehen, wenn sie glücklich und erfolgreich sind. Sie kommen, weil sie ihr Leben verbessern, erneuern, bereichern möchten, weil sie sich in einer Schieflage befinden oder in einer aussichtslos erscheinenden Situation. Sie suchen Rat, die Sicht von außen und Ermutigung.

Also, beginnen Sie bitte mit einem Ja zu Ihrer Istsituation. Und damit meine ich ein Ja von ganzem Herzen. Wenn Sie feststellen, dass Sie nur halbherzig akzeptieren können, was ist, dann sagen Sie eben dazu Ja. »Ja, zu 50 Prozent kann ich meine Situation akzeptieren. An den anderen 50 Prozent arbeite ich!«

Sammeln, was da ist

Sobald Sie die erste Hürde mit dem Namen »Akzeptanz dessen, was ist« genommen haben, sind Sie auf dem besten Weg zur Besserung. Ich möchte noch eine Ergänzung anfügen. Und die heißt »Bis jetzt!«. Dieser kleine Satz ist ein großer Verstärker für jeden Impuls in Richtung positiver Veränderung.

Die Förderung durch eine Expertin erleichtert den gemeinsamen Blick auf Ihre Situation. Das schenkt Sicherheit und Sie sind nicht allein. Wenn Sie sich Hilfe holen, ist das ein Zeichen von Stärke. Sie übernehmen Verantwortung für sich und Ihre Herausforderung. Vielleicht überreicht Ihnen ein Freund die Visitenkarte eines Coachs, den er selbst bei Bedarf konsultiert. Oder Sie erinnern sich an das Gespräch mit dieser kompetenten Beraterin beim letzten Verbandstreffen. Dann entscheiden Sie sich für einen Termin und sind froh, endlich mit jemand Außenstehendem über Ihr Thema sprechen zu können.

Mit Widerstand zur Akzeptanz

Isabell kann stur werden, wenn es nicht nach ihrem Willen geht. Sie ist ein Januarkind im Zeichen Steinbock. Sie kommt immer dann zum Coaching, wenn sich wieder einmal Unmut entzündet am Unerwünschten. Gemeinsam mit ihrem Partner führt sie ein erfolgreiches Architekturbüro. Trotz klarer Strukturen und Kompetenzordnung gibt es hin und wieder Überschreitungen. Als André, ihr Sohn geboren wird, teilen sich die jungen Eltern die Betreuung des Kindes. Doch mehr und mehr übernimmt Isabell den Familienteil, während sich Paul unter dem Vorwand geschäftlicher Gründe aus der Verantwortung stiehlt. Trotz moderner Auffassung einer gleichberechtigten Aufgabenteilung des Paares hat Isabell Mühe, die Balance zwischen Mutterrolle und Berufstätigkeit zu halten. Als der Höhepunkt des Konflikts erreicht wird, kommt es zur Explosion. Die Geister scheiden sich trotz der Ideale an gegensätzlichen Standpunkten. Sie kommen auf keinen Konsens. Die Situation verlangt nach einer schnellen Lösung. Denn alle leiden. Isabell, Paul und André. Zu diesem Zeitpunkt treffen wir uns zum ersten Mal.

André soll es gut gehen. Das Geschäft muss laufen. Das Büro braucht die Präsenz von Expertin und Experte. Paare brauchen gemeinsamen Raum und Individuen brauchen Zeit für sich selbst. Das sind zusammen fünf Muss! Und fünf grundlegende Ziele. Wie soll das unter einen Hut gebracht werden? Es ist gut, wenn Ziele so klar definiert sind. Weichen Realitäten aber weit von ihnen ab und können diese nicht akzeptiert werden, münden Widerwille und egoistische Ansprüche im emotionalen Chaos.

Im Coaching listet Isabell alle inakzeptablen Punkte auf, die in ihrem Leben existieren. Wir ordnen sie am Flipchart nach Kategorien. Dasselbe macht Paul später zu Hause. Dann geschieht etwas Erstaunliches. Es ist der Effekt des Abstands, den jede Visualisierung erzeugt. Mit dem Abstand wächst die Freiheit, Widerwillen, Sturheit, Rebellion und ungesunden Egoismus loslassen zu können. Und gerade noch empfundene Ablehnung kann zu einer milden Betrachtung einer aktuellen Wahrheit werden, die weder erwünscht noch sinnvoll ist, und sich in ein »Ja, ich will!« wandeln.

Weil aus Zuwendung gegenüber dem Konflikt und Abstand durch die Betrachtung Akzeptanz von Missständen möglich wird. Mit der Ausrichtung des bejahenden Willens können friedliche Lösungen herbeigeführt werden, denn letztlich ist alles erwünscht: das gemeinsame Unternehmen, die Beziehung, die Familie und sinnvolle Lösungen!

Isabell führt ein Meeting ein, in dem sie und Paul allmorgendlich zusammenkommen, die Tagesziele und To-dos festlegen und verbindliche Vereinbarungen neu beleben. An einem Abend in der Woche gehen sie zusammen aus. Für André ist ein Babysitter da, ganz zuverlässig, auch manchmal tagsüber, wenn nötig. Die Buchhaltung delegiert Isabell ans Steuerbüro. Sie sind auf dem Weg ins Gleichgewicht. Ein lebendiger Weg, der hin und wieder ins Wanken gerät. Isabell, Paul und auch der kleine André sind großartig. Sie schätzen wert, was sie sind und was sie einzeln und gemeinsam vermögen. Sollte Paul ab und zu vergessen, wie das geht, wird Isabell bockig. Ein heilsames Sternzeichen, das nach dem Widerstand mit Akzeptanz immer eine Lösung findet!

Übung 3: So ist es (bis jetzt)

Alles Gute beginnt mit einem Ja. Sprechen Sie dieses Wort jetzt bitte laut aus und fühlen Sie, was es in Ihnen auslöst. Ja. Einfach ja.

Nun beziehen Sie ein Beispiel aus Ihrem Leben mit ein. Was soll aus Ihrem Leben verschwinden? Was möchten Sie gern loswerden? Ah, es ist … Alles, ja, wirklich alles, wovon Sie sich trennen möchten, ist erst einmal da, und wenn Sie sich auf den Kopf stellen. Es ist da. Schauen Sie genau hin. Nennen Sie es beim Namen. Dieses Etwas ist jetzt Teil Ihrer Realität. Lassen Sie Ihren Blick und Ihre Aufmerksamkeit auf dieser Realität ruhen, bis Sie sagen können: »Ja, du bist da. So ist es.«

Einen Moment später können Sie hinzufügen: »Bis jetzt.« Diese Ergänzung ist wichtig. Sie öffnet den Raum für Gestaltung. Für Ihre Gestaltung. Schließlich soll dieser Teil Ihrer Realität ja nicht bleiben, sondern gehen. Die Akzeptanz ist der wichtigste Punkt auf dem Weg zur Lösung. Warum? Was spüren Sie, wenn Sie akzeptieren können?

Der Realisierungsprozess

Jetzt möchte ich mich gemeinsam mit Ihnen Ihrer konkreten Situation zuwenden. Aus der Sicht von »Erfolg ist das, was folgt!« heißt das, wir schauen uns die Ergebnisse Ihrer Vorgaben an. Die Zeit steht für den Realisierungsprozess, die Wandlung von Ursachen in ihre Wirkungen.

Die Formel für den Realisierungsprozess:
V (Vorgaben) + Z (Zeit) = E (Ergebnisse)

Bestimmen Sie zunächst den Zeitraum, in dem die aktuellen Ergebnisse Ihre Realität geworden sind. Das kann der Zeitraum ab Existenzgründung sein, das letzte Geschäftsjahr oder ein kürzerer Abschnitt, in dem zum Beispiel die aktuellen Themen sichtbar wurden. Sie können auch einen speziellen Auftrag oder ein Projekt wählen, in dem sich die typischen Merkmale Ihrer Schwierigkeiten zeigen.

Mein Vorschlag: Arbeiten Sie effizient! Nutzen Sie den bekannten 60-Sekunden-Takt und jeweils eine Seite für die nächsten vier Fragen. An dieser Stelle fragen Mandanten oder Coachees oft, ob sie nur berufliche und unternehmerische oder auch private Ergebnisse aufführen sollen. Bitte bleiben Sie offen für alle Fakten, die sich jetzt zeigen wollen, unabhängig von ihren Darstellungsorten.

Denn was auch immer sichtbar wird, es betrifft Ihre Person. Und Ihre Person ist es, die die persönlichen und unternehmerischen Ergebnisse gestaltet hat. Arbeiten Sie sich Minute für Minute durch die vier Fragen und halten Sie sich bitte an die vorgegebene Reihenfolge.

Aufgabe: SOFT-Analyse

T: Gibt oder gab es in dem von Ihnen gewählten Zeitraum etwas, das sich auf gar keinen Fall wiederholen darf, weil es Sie existenziell gefährden würde? Gibt oder gab es ein No-Go, das zur Bedrohung werden könnte?

F: Was ist in dieser Zeit oder in jüngster Zeit schlecht gelaufen?

O: Was ist in dieser Zeit oder in jüngster Zeit gut gelaufen?

S: Was war oder ist das absolute Highlight in diesem Zeitraum?

Und jetzt drehen Sie eine zweite Runde. Gehen Sie noch einmal in derselben Abfolge vor und schauen Sie nach, ob Sie weitere Informationen abrufen können. Dann ergänzen Sie damit Ihre Notizen. Es kann für Sie gewöhnungsbedürftig sein, zeitlich so komprimiert zu arbeiten. Darum befriedigen Sie gern das Bedürfnis nach einer kurzen Pause. Sorgen Sie gut für sich. Lüften Sie den Raum. Trinken Sie etwas. Und bewegen Sie Ihren Körper. Schon in wenigen Minuten sind Sie wieder frisch und können die Auseinandersetzung mit Ihren Ergebnissen mit klarem Geist und offenem Herzen fortsetzen.

Worum geht es bei der SOFT-Analyse? Es geht im ersten Schritt darum, dass Sie genau hinschauen, dass Sie ein gelegentliches Wegschauen oder gar eine potenzielle Verdrängung unangenehmer Gegebenheiten beenden und sich der Wahrheit Ihrer Situation zuwenden. Die Fakten Ihrer Realität stehen nun vor Ihnen auf dem Papier. Schauen wir gemeinsam hin. Ich stelle Ihnen einige Fragen und Sie können antworten, notieren, aussprechen.

Fragen zu den Fakten Ihrer SOFT-Analyse

T wie THREATS

(Bedrohung, No-Go)

Gab oder gibt es einen oder mehrere Bedrohungsfaktoren? Wenn nein, gratuliere ich Ihnen zu diesem Ergebnis. Sie sind frei von akuter oder möglicher Bedrohung. Wenn ja, was haben Sie davon, dass diese Bedrohungsfaktoren da sind? Sie empören sich über diese Frage? Dann schauen Sie bitte noch genauer hin. Manchmal höre ich die Antwort: »Ich glaube, ich verhindere wirklich großen Erfolg, weil ich mir nicht sicher bin, ob ich wirklich gut bin in meinem Job. Dazu dienen finanzielle Einbrüche. Ich halte mich halb bewusst klein. Das ist mein ewiger Kampf.« Ein Coaching kann sehr intim werden, wenn es wesentlich wird, weil es Ihre Wahrheit ans Licht bringt und damit Ihre Chancen. Das Gute ist, dass Sie Ihre Wahrheit, Ihre Abneigungen, Gewohnheiten und Vorlieben am allerbesten kennen. Je näher Sie sich kommen, je aufrichtiger Sie erkennen, welche sinnvollen oder weniger sinnvollen Ergebnisse Ihre inneren Haltungen und äußeren Handlungen hervorbringen, desto liebevoller und humorvoller können Sie damit umgehen.

Ist diese Verbundenheit eingetreten, sind Sie bereit für die nächsten Fragen. Was hätten Sie davon, wenn Sie die Bedrohung in ihr Gegenteil verkehren könnten? Würde es Ihnen und Ihrer Selbstständigkeit besser gehen? Welche Möglichkeiten könnten Sie entdecken für konzeptionelle und strategische Änderungen? Was könnten Sie Neues erproben?

energetisches Sprachtraining

F wie FAULTS

(Fehler, Mängel)

Welche Schwachpunkte haben Sie entdeckt und was ist weniger gut gelaufen? Betrachten Sie bitte jeden einzelnen Missstand und untersuchen Sie ihn. Dieses Feld eignet sich besonders gut für die Produktion von Schieflagen auf dem Boden von Geschäftsbeziehungen mit Freunden. Unklare Positionen und eine schlechte Kommunikation (zu selten, unklar, Sprachbarriere usw.) können hier zu enormen Belastungen und Gefährdungen führen. Auch gegenseitige Projektionen zwischen Kooperationspartnern sind ein guter Nährboden für Konflikte. Ein schlechtes Selbstmanagement oder Verzögerungen von Lieferzeiten können verheerende Auswirkungen nach sich ziehen.

Sie sehen, vor allem eine Selbstständigkeit birgt eine Menge Fehlerpotenzial. Vielleicht ärgert Sie meine nächste Frage. Sie kennen sie schon. Was haben Sie von all diesen negativen Ergebnissen? Welchen Sinn haben sie noch für Sie? Fehlt Ihnen der Mut zu einer klaren Position und Aussage? Ist Schweigen noch angenehmer als Sprechen oder konsequentes Handeln? Machen Sie es sich im Rahmen Ihrer Komfortzone gerade gemütlich? Geben Sie auch mal gern Ihre Verantwortung ab? Sie haben jetzt die Chance aufzuräumen und neue Entscheidungen zu treffen.

O wie OPPORTUNITIES

(Gelegenheiten, Möglichkeiten)

In diesem Ergebnisfeld beginnt der Wohlfühlmodus. Sie haben Erfolge im klassischen Sinn zu verzeichnen. Das erste Geschäftsjahr ist gut gelaufen. Sie haben einen Kundenstamm aufgebaut, schwarze Zahlen geschrieben und passende Kooperationspartner gefunden. Was auch immer hier steht, es erfreut Ihr Herz und Ihre Kasse. Wissen Sie, wie Sie diese positiven Ergebnisse erreicht haben, was

Sie dafür getan haben, wie Sie gefühlt und was Sie gedacht haben? Ergänzen Sie Ihre Notizen mit Stichpunkten zu Ihrer Methode. Auf welche Ihrer Stärken haben Sie gebaut? Machen Sie sich bewusst, wie Ihre Vorgaben und Ergebnisse zusammenhängen. Sie spüren Fachkompetenz, vertrauen auf Ihre Fähigkeiten, wissen, dass Sie Ihre Aufträge erfüllen und Termine einhalten können. Diese O-Zone ist Ihr Fundament, sie ist ausbaufähig. Hier können Sie und Ihr Unternehmen wachsen. Nehmen Sie sich ein Highlight vor, das Sie aus dieser Substanz realisieren wollen. Und machen Sie weiter so!

S wie SATISFACTIONS

(Zufriedenheit, Erfüllung, Highlight)

Liebe Leserin, steht etwas unter diesem Titel auf Ihrer Seite? Und was ist es? Wenn hier etwas steht, gratuliere ich Ihnen von ganzem Herzen und freue mich mit Ihnen. Sie sind brillant! Das haben Sie sehr gut gemacht. Können Sie das auch so sehen? Können Sie sich dafür wertschätzen? Können Sie einen Moment innehalten und dieses Ergebnis würdigen? Wie war es zum Zeitpunkt seines Erscheinens? Haben Sie gefeiert? Konnten Sie die Erfüllungsmomente wahrnehmen, die in jedem außerordentlichen Ergebnis wohnen? Sie haben sich selbst erfüllt! Ihre Gaben und Talente, Ihre Ziele und Ihr Durchhaltevermögen, alles will bewusst angenommen sein. Es hilft, wenn Sie die Augen schließen. Atmen Sie tief aus und fühlen Sie. Was fühlen Sie? Ist es Dankbarkeit? Respekt? Liebe? Lieben Sie, was Sie tun? Lieben Sie sich? Sie können sich jetzt dafür entscheiden, dass Sie immer wieder Ihr Bestes geben und sein werden und dass Sie jedes Jahr aufs Neue für ein oder mehrere Highlights dankbar sein möchten. Dann wird es so sein.

So ist es! (bis jetzt)

Jetzt dürften mindestens vier vollgeschriebene Seiten vor Ihnen liegen und Ihnen die sinnvollen und scheinbar weniger sinnvollen Ergebnisse eines bestimmten Zeitraums präsentieren. Welche Grundstimmung empfinden Sie? Können Sie akzeptieren, was Sie da sehen? Aus ganzem Herzen akzeptieren? Können Sie jetzt sagen: »Ja, so ist es! Das ist meine aktuelle Realität!«? Erinnern Sie sich an die Vorübung? Wenn Sie jetzt, in Ihrem ganz konkreten Fall, eine gefühlte Akzeptanz von weniger als 100 Prozent feststellen, dann ist das in Ordnung. Dann ist das in diesem Moment Ihre Wahrheit. Bitte akzeptieren Sie, dass es so ist. Höre ich da gerade ein Ja und Ihr Aufatmen, dessen Seufzer bis an meinen Schreibtisch nachklingt? Welch eine Wohltat! Damit zaubern Sie ein Lächeln in mein Gesicht. Ich weiß jetzt, dass Sie Ihre Realität akzeptieren und darum aufatmen können. Die Fakten sind immer noch dieselben, doch Ihre Haltung haben Sie gerade mit einem Atemstoß entspannt und damit den rechtsdrehenden Zustand von Anspannung um mindestens einen Schritt erleichtert und das Terrain für öffnende, linksdrehende Bewegungen betreten. Herzlich willkommen! Genießen Sie es und freuen Sie sich auf gute Gesellschaft.

Und schon betritt Frau Klarheit gemeinsam mit dem Vertrauen den Raum. Beide sind jetzt an Ihrer Seite, wenn Sie jedem der vier SOFT-Felder ihren prozentualen Anteil verleihen. Nutzen Sie dazu die kleine Illustration und schreiben Sie dort Ihre Bewertung hinein. Sie deutet bereits die emotionalen Zustände der vier Felder und die Richtung zukünftiger Bewegungen an.

Angenommen, Threats und Faults ergeben insgesamt 50 Prozent. Dann haben Sie schon eine Hälfte Ihrer Lebenskraft in positive, Sie erfüllende Ausdrucksformen gegossen. Machen Sie dasselbe auch mit den anderen 50 Prozent. Greifen wir das Beispiel Geschäftsbeziehungen mit Freunden noch einmal auf. Heute können Sie auf die gemachten Erfahrungen zurückgreifen – und Sie können klarer sehen, wenn Sie wollen. Stellen Sie sich bitte vor, Sie würden die Ergebnisse der unteren Felder in ihr Gegenteil verkehren! Welche Ergebnisse wären es dann? Dies ist wieder ein Moment für assoziatives Schreiben. Nehmen Sie sich sofort 60 Sekunden Zeit dafür. Schauen Sie sich anschließend die notierten Möglichkeiten an. Wie können Sie diese Möglichkeiten jetzt realisieren? Das Geheimnis ist: Die größten Schwächen bergen in sich die größten Chancen. Sie können sie entdecken, wenn Sie sich ihnen zuwenden. Und darum geht es! Zentrieren Sie sich, erinnern Sie sich an Ihre Selbstbestimmung und gestalten Sie ab jetzt Ihr Leben und Ihr Unternehmen neu!

Schwäche birgt die größte Chance für Stärke!

So schöpfen Sie aus dem Vollen

Dieses Kapitel hat das Ziel, Bewusstsein für die inneren Bewegungen zu schaffen. Je bewusster Sie mit Lebenskraft, Fähigkeiten und Entscheidungen umgehen, desto näher kommen Sie der Erfüllung Ihrer Wahrheit auf dem friedlichen Weg, einem Erfolg, dessen Qualität einzigartig ist.

Gern verwende ich in diesem Kontext, in dem es ums Ganze geht, die Redewendung »aus dem Vollen schöpfen«. Der Duden erklärt die Bedeutung dieses Satzes mit zahlreichen polaren Interpretationen. Unter den positiven Auslegungen ist mir die Beschreibung »leben wie Gott in Frankreich« die liebste.

Über wen sprechen Sie, wenn Sie die genannten Redewendungen nutzen? Sind es die anderen, die Reichen, die Großen? Oder meinen Sie sich selbst? Wann hatten Sie das letzte Mal dieses Glücksgefühl, aus dem Vollen schöpfen zu können? Um welchen Lebensbereich ging es dabei? Oder betraf es Ihr Leben grundsätzlich? Ging es Ihnen gut damit? Auch noch am nächsten und übernächsten Tag? Oder war Ihre Erfahrung vergleichbar mit einem Sechser im Lotto, mit dem Gewinner sich nach erstem Jubel und intensivem Auskosten der neuen Möglichkeiten auf direktem Weg ins Unglück oder sogar in eine Verschuldung begeben?

Derartige Handhabungen lassen vermuten, dass es eine Ausnahme darstellt, »wie Gott in Frankreich« leben zu können. Menschen sind daran gewöhnt, defizitär zu denken, zu fühlen und zu handeln. Ganz gemäß dem Anpassungsmodus. Diese Tatsache ist einer der Gründe, warum ich dieses Buch schreibe. Ich möchte dazu beitragen und dazu inspirieren, dass Sie, liebe Leserinnen und Leser, eine grundsätzlich oder teilweise defizitäre Einstellung in eine würdevolle und wertschätzende Haltung verwandeln, diese leben und andere daran teilhaben lassen, damit sie sich verbreitet wie ein Lauffeuer.

Was ist das – das Volle und die Fülle?

Das Volle steht für das Ganze, für die Fülle all Ihrer Möglichkeiten. Es erinnert Sie an Ihre ganze Lebenskraft, an Ihr ganzes Potenzial, an Ihren ganzen Gestaltungswillen. »Aus dem Vollen schöpfen« heißt, sich dieser Fülle in jedem Augenblick bewusst zu sein und sie zu verwenden. Darum ist es eine kluge und sehr lebensbejahende Entscheidung, wenn Sie ab heute Ihr Leben zu 100 Prozent Ihrer Fülle gemäß gestalten und den negativen Anteil der Vergangenheit, der sich mit Fehlern und Bedrohungen schmückte, ins Positive verkehren.

Es mag sein, dass Sie sich durch diese Äußerung provoziert fühlen. Dass Sie Widerstand empfinden gegen diese Wandlungsmöglichkeit. Das ist natürlich und heilsam zugleich, weil weitverbreitete Einstellungen bewusst werden. Das sind die Erfolge negativ angepasster Haltungen. Sie offenbaren die dahinterliegenden Muster und legen die Zusammenhänge von Ursache und Wirkung frei. Wenn Sie heute der Meinung sind, dass Druck und Stress, Angst und Hass, Niederlagen und Leid sinnvolle Komponenten zur Erlangung von Erkenntnis und Entwicklung darstellen, dann werden Sie diese Erfahrungen machen und auf diese Art »aus dem Vollen schöpfen«.

Die alte Weisheit »Was mich nicht umbringt, macht mich stark!« besitzt einen unverkennbaren Reiz. Sie steht für Lernen durch Leid. Jede Kämpfernatur kennt sie und lebt sie vielleicht noch heute, zum Beispiel als Soloselbstständige und sogenannte Einzelkämpferin.

Es liegt in Ihrer Hand, ob Sie diese Haltung beibehalten oder sich einer Vorgehensweise annähern möchten, die friedlich, freudvoll und erfüllend ist. »Aus dem Vollen schöpfen« setzt voraus, dass Sie sich dem Vollen, der Fülle Ihrer Potenziale und Möglichkeiten, zuwenden.

Und was heißt das – schöpfen?

Vereinfacht betrachtet ist das Leben Bewegung. Darum bewegen wir, wenn wir leben. Wir verwenden Lebenskraft dazu, sie in Formen zu gießen. Die Formen erhalten wir lebendig, indem wir sie fortlaufend nähren oder bestätigen. So erhalten wir Gedanken und Gedankenmuster aufrecht, wiederholen sie, bekräftigen sie, so lange, bis sie zum Selbstläufer, zur Gewohnheit werden. Oder wir vermischen unsere Lebenskraft mit der Lebenskraft anderer. Dann bilden wir Gemeinschaften, führen Regeln ein und Gesetze. Diese existieren, solange wir sie mit unserer Lebenskraft nähren und bestätigen. Wir können sie neu gestalten oder aufheben. Dann schöpfen wir neu. Die Lebenskraft ist dieselbe.

Kleine Schöpfungs-Geschichte

Gestatten Sie mir, Ihnen jetzt als weitere Analogie den Abenteuerspielplatz Leben vorzustellen. Er liegt in einer wunderschönen Parkanlage mit sattgrünen Wiesen, blühenden Linden und duftenden Veilchenbeeten. Sie sitzen auf einem der Holzbalken, die Ihre ganz persönliche Sandkiste umranden, und Sie sind stolz auf das eigene Territorium. Die Sonne scheint und Sie sind glücklich, denn Sie haben alles, was Sie brauchen. Viel, viel hellen Sand, eine rote Schaufel und bunte Förmchen. Dann folgen Sie dem ersten Impuls. Sie entscheiden sich für das grüne Förmchen, füllen es bis zum Rand mit Sand, klopfen den Inhalt mit der Schaufel fest und stürzen es um. Vor Ihnen steht ein wunderschöner Sandkuchen. Voller Begeisterung greifen Sie zum nächsten Förmchen und wieder zum nächsten. Am Abend dieses Tages haben Sie den ganzen Sand in Kuchenformen verwandelt und sind der glücklichste Mensch der Welt.

Wenn Sie am nächsten Tag Ihre Sandkuchenwelt betrachten, werden Sie kreativ. Heute möchten Sie eigene Formen bauen, und zwar mit Ihren Händen. Was tun Sie, wenn der ganze Sand verbraucht ist? Sie werden still und wenden sich Ihrer Vision zu. Und schon wissen Sie, wie es geht. Der Kuchen, der Ihnen heute am wenigsten gefällt, hat seine Zeit erfüllt. Sie haben große Freude daran, mit der aus diesem Kuchen frei gewordenen Sandmenge eine neue Form Ihrer Fantasie zu bilden. Heute sind Sie noch glücklicher als gestern, weil Sie wissen, dass Sie immer wieder Neues und vor allem Eigenes schaffen können. Der Sand ist stets derselbe. Die Formgebung liegt in Ihrer Hand.

Tage, Wochen, Monate vergehen. Sie sind stolze Besitzerin einer bunten Mischung aus Förmchenkuchen und eigenen Kreationen. Sie haben jedem Ihrer Sandkuchen eine Funktion zugeteilt und sich an ihre Existenz gewöhnt. Ihr Leben läuft rund. Sie sind zufrieden. Mit den Jahren verlieren zwar einige Sandkuchen ihre Notwendigkeit, doch Sie erlauben ihnen zu bleiben. Irgendwann vergessen Sie sogar, dass Sie jederzeit alte Formen aufheben und neue bauen und ihnen einen aktuellen Sinn und Zweck verleihen können.

Mit dem Sand verhält es sich wie mit der Lebenskraft. Es liegt bei Ihnen, für welche Form Sie sie verwenden. Denn alles, was existiert, nährt sich von Lebenskraft. Wenn Sie einer Person oder einer Sache Ihre Aufmerksamkeit schenken, tun Sie das mithilfe Ihrer Lebenskraft. Wenn Sie einen schweren Gegenstand hochheben, greifen Sie auf Ihre Lebenskraft zurück. Wenn Sie sich ärgern oder streiten, verbrauchen Sie Ihre Lebenskraft.

Von langer Hand angelegte Formen wie Werte, Überzeugungen, Erwartungen, Einstellungen und Handlungen leben nur deshalb, weil Sie sie nähren. Sie können heute neue Entscheidungen treffen und Ihre Lebenskraft aus bestehenden, überalterten oder gar behindernden Formen entbinden und sie in Formen gießen, mit denen Sie sich fördern. Lebenskraft ist Energie. Wofür Sie sie verwenden, liegt bei Ihnen.

Übung 4: Drei Fragen zum Qualitätsbewusstsein

1. Welche Formen erfüllen Ihren heutigen Qualitätsanspruch?
2. Welche Formen möchten Sie nähren?
3. Haushalten Sie gut mit Ihrer Lebenskraft?

Merksatz

Das Volle oder die Fülle setzt sich aus fünf Komponenten zusammen, diese sind:

- die Existenz der individuellen Lebenskraft. Sie steht immer zur Verfügung.
- die Existenz der individuellen Gaben, Talente, Fähigkeiten und Potenziale.
- die individuelle Bereitschaft, sich diesen beiden Gegebenheiten zuzuwenden und sie zu akzeptieren.
- der individuelle Gestaltungswille im Umgang mit den Gegebenheiten.
- die integrative Handlung des Individuums, die alle Komponenten miteinander vereint.

Mithilfe der Sandkisten-Perspektive wird deutlich, dass Lebenskraft eine neutrale Substanz ist und Menschen darüber entscheiden, wann, wie und wofür sie diese nutzen.

Schließen wir nun an das Ergebnis Ihrer SOFT-Analyse und Ihre ganz persönliche Umkehrung vom Negativen ins Positive an. Bis hierher konnten Sie sich dem neuen Gestaltungsprozess annähern und Notizen sammeln für die nächsten Entscheidungen. Vielleicht haben Sie schon einen ersten Maßnahmenkatalog zusammengestellt, den Sie in den nächsten Monaten umsetzen möchten. Es ist sehr gut, wenn Sie wissen, was Sie wollen.

Sie wissen auch, dass das Volle oder die Fülle immer vorhanden ist. Sie können darauf vertrauen, dass sie weiter bestehen bleibt, während Sie jetzt in die inneren Räume Ihrer Wahrheit eintreten. Ab jetzt wird es wesentlich! Sie werden eine tiefere Ebene Ihrer Existenz berühren und mit diesem Wissen fortfahren, die gewonnenen Erkenntnisse und Wahrheiten einzubringen in die Gestaltung dessen, was Sie im jeweiligen Heute sind.

Merksatz

Schöpfen ist die integrative Handlung des Individuums, die alle Komponenten der Fülle miteinander vereint.

- Das Schöpfen selbst kann unbewusst sein (der Mensch lebt unreflektiert und intuitiv wahrhaftig).
- Es kann halb bewusst sein (der Mensch ahnt temporär, was er tut).
- Es kann bewusst geschehen (der Mensch weiß, was er tut).

Damit Sie die genannten Bewusstseinsebenen durchdringen und die Komponenten des Vollen oder der Fülle integrieren können, ist der Weg zu den inneren Bewegungen notwendig. Denn dort werden die äußeren Ergebnisse produziert. Der Zentralisierungsmodus ist in der Regel ein bewusst gewählter Zustand und die Basis für einen Erfolg, der Ihnen guttut und ebensolche Ergebnisse für Sie und Ihre Umgebung hervorbringt.

Merksatz

Wer positive, sichtbare Ergebnisse hervorbringt, ist befähigt, unsichtbare Bewegungen zu steuern.

Kontakt nach innen und die Eisbergmodelle

Schauen wir uns zunächst an, in welcher Größenrelation die Komponenten »sichtbare Ergebnisse« und »unsichtbare Bewegungen« zueinander stehen. Zur Veranschaulichung nutze ich gern das Eisberg-Modell.

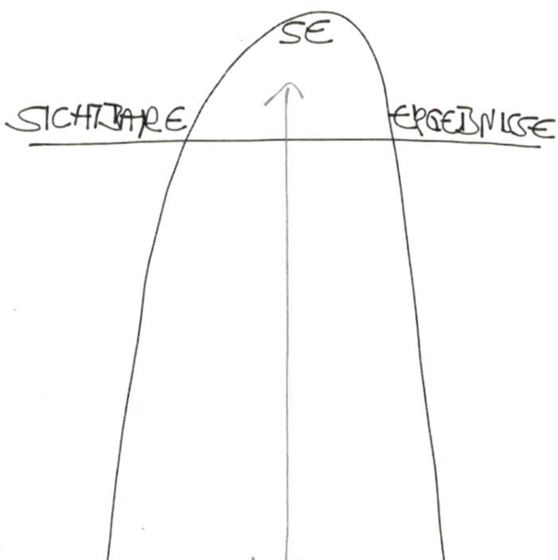

Die sichtbare Ebene stellt wie bei einem physischen Eisberg einen relativ kleinen Teil dar, während der große Eisbergbauch im Wasser liegt und dem physischen Auge in seiner ganzen Dimension verborgen ist. Auf der sichtbaren Ebene sind alle Dinge Ihres Lebens angesiedelt, die Sie sehen können. Das sind Sie als Person, Ihre Familie und Freunde, Ihre Mitarbeiter, Wohn- und Arbeitsräume, das Interieur, die gesamte Technik, Ihre Buchhaltung, Ihr Einkommen, Ihre Ernährung und Ihre gesamten Handlungen. Es sind auch Ihre unternehmerischen Aktionen.

In unserem Kulturkreis sind Sie daran gewöhnt, auf der Ergebnisebene zu agieren, wenn Sie bessere Ergebnisse erreichen möchten. Selbstständige denken, sie können Kundenzuwachs mit Werbemaßnahmen, Umsatzsteigerung mit intensiver Akquise, Gewinnsteigerung mit Kostensenkung erreichen. Diese Maßnahmen sind durchaus sinnvoll. Ohne Berücksichtigung des Eisbergbauchs können sie sogar zu kurzzeitigen Ergebnissen führen, nachhaltig wirken sie jedoch nicht.

Aktionen dieser Art entspringen dem Anpassungsmodus »Ich muss!« und dem ängstlichen Beweggrund »Ich brauche!«. Sehen Sie wie ich einen verzweifelten Einzelkämpfer vor sich, der in puren Aktionismus verfällt, vormittags Werbe-E-Mails verschickt, sich nachmittags via Kaltakquise ein Nein nach dem anderen abholt und allabendlich auf Netzwerkveranstaltungen seine Produkte anpreist? Möchten Sie diese Person gerne treffen und sich von ihr in ein Gespräch verwickeln lassen, aus dem Sie sich nur mühevoll wieder befreien können? Vermutlich nicht. Vielleicht würden Sie dann wie ich bewussten Abstand halten. Warum? Weil ein Aktionist dieser Art seine Ängste, Sorgen und Nöte unterschwellig mittransportiert und als Spannungsträger wenig Interesse weckt.

Hinzu kommt noch eine zweite Komponente, das Haben-Wollen! Wer Geld verdienen muss, will es vom Markt oder von Ihnen als potenziellem Auftraggeber haben. Wie reagieren Sie, wenn jemand etwas von Ihnen haben will, das Sie ihm gar nicht geben möchten? Sie wehren ab! Vielleicht deutlich sichtbar und hörbar oder unsichtbar im Stillen. Sehen Sie, wie notwendig es ist, dass sich unser Aktionist seinen inneren Bewegungen zuwendet, damit er vom Anpassungs- in den Zentralisierungsmodus wechseln kann? Denn von dort können die gleichen Aktivitäten in einer Qualität umgesetzt werden, die wirkliches Interesse und Kaufkraft initiieren. Dann würden wir diese Person gern treffen, weil sie etwas zu geben hat.

Übung 5: Wann haben Sie als Aktionistin gehandelt?

Beschreiben Sie die Situation mit Stichworten. Lassen Sie sich von folgenden Fragen leiten:

- Welche Not, Sorge, Bedürftigkeit hatten Sie?
- Welche Aktion haben Sie durchgeführt?
- Welches Ergebnis haben Sie erreicht?
- Was haben Sie aus dieser Aktion gelernt?

Was verbirgt sich nun im Eisbergbauch? Alle unsichtbaren Bewegungen. Das sind zunächst Ihre Gedanken und Emotionen, dann Ihre Erwartungen, Einstellungen, Überzeugungen und Werte und schließlich all Ihre Erfahrungen und Gewohnheiten. Kurzum, Ihre inneren Programme. Je besser Sie die inneren Bewegungen kennen und steuern lernen, desto größer ist Ihre Handlungsfreiheit.

Sybille, eine pfiffige Mandantin, fragte mich einmal im Rahmen einer Unternehmensberatung, wie weit sie denn in die Tiefen ihres

Eisbergbauches hinabsteigen müsse, um authentisch sein zu können. Sie fürchtete sich vor den unbekannten Tiefen und wünschte sich eine Orientierungslinie. Schon einen Augenblick später lächelte sie, weil sie erkannte, dass sie selbst darüber entscheidet, wo sie diese Linie ansiedeln möchte. Wie Sybille können auch Sie darauf vertrauen, dass Sie Ihre Grenzen wahren werden, solange Sie gut mit sich selbst verbunden sind. Denn die Erforschung des Eisbergbauches ist ein Prozess, den Sie auf Ihre Art und in Ihrem Tempo gestalten. Und Wahrhaftigkeits- oder Authentizitätswachstum beginnt mit der ersten bewusst durchgeführten Bewegung, sei sie auch noch so klein.

Wege, über die Sie dort hingelangen, gibt es so zahlreich, wie es Menschen gibt. Grundsätzlich haben Sie die Wahl zwischen der ältesten Technik der Welt, der Meditation, oder einer klassischen Methode der alten Welt, der Psychoanalyse, und einem Instrument der neuen Zeit, der Zuwendung zu sich selbst und der damit verbundenen Verortung im Zentralisierungsmodus, wie sie in diesem Buch vorgestellt wird. Der Akt der Zuwendung kann bereits eine Mutprobe sein, in der Sie, getragen von einer liebevollen Haltung, es wagen, hinzusehen. Wer die Wahrheiten in seinem Eisbergbauch beim Namen nennt, befindet sich schon ganz in der Nähe von Akzeptanz, die als Voraussetzung für jede Besserung gilt.

So geht es Stefanie, die im Workshop eine erschütternde Entdeckung macht. Sie nimmt allen Mut zusammen und spricht diese aus. Ein empörtes Raunen geht durch den Raum. Stefanie thematisiert mit ihrem Bekenntnis ein Tabu. Sie will nicht geben! Das ist die Wahrheit. Stefanie leidet darunter, denn sie arbeitet mit Kindern. Eine außerordentliche Mutprobe! Hinsehen. Aussprechen. Akzeptieren. Das ist Authentizität. Mit dieser Wahrheit geht Stefanie einige Monate schwanger. Dann beginnt sie ein Coaching.

Das Eisbergmodell und der Computer

Ein sehr einleuchtendes Beispiel stellt der Vergleich des Eisbergmodells sowie seine kausalen Verknüpfungen von inneren Bewegungen und äußeren Ergebnissen mit einem Computer dar. Schauen wir uns einmal die Geschichte von Carla an. Ihr Laptop arbeitet seit einiger Zeit sehr, sehr langsam. Außerdem stellt sie fest, dass die Kompatibilität mit externen Geräten gestört ist. Sie kann nicht mehr drucken. Dadurch ist ihre Arbeit blockiert. Was tut sie in dieser Situation?

1. Sie wendet sich zu! Sie nimmt sich Zeit dafür, eine Lösung zu finden.
2. Im ersten Schritt nimmt sie die Angelegenheit persönlich in die Hand, bevor sie einen Spezialisten hinzuzieht.
3. Sie schaltet alle Geräte aus und wieder an und prüft die Verbindungsstellen.
4. Sie schaut sich die Programme an. Das ist der Blick in den Eisbergbauch!
5. Hier fällt ihr auf, dass mehrere Updates überfällig sind. Für das Betriebssystem und für fünf Programme.
6. Sie möchte das schnell erledigen, stellt jedoch fest, dass sie mehr dazu braucht: geduldige Zuwendung und großzügige Zeitplanung.
7. Leicht verstimmt akzeptiert sie die erkannten Fakten.
8. Für Samstagmorgen trägt sie einen Drei-Stunden-Termin im Kalender ein. Das muss reichen! So denkt sie.
9. Bis dahin hadert sie weiter, trotz Akzeptanz, und redet sich gleichzeitig gut zu.
10. Termingemäß startet sie am Samstag um neun und freut sich nebenbei auf die Verabredung zum Mittagessen bei ihrem Lieblingsitaliener.
11. Sie beginnt mit den Updates für das Betriebssystem. Das

dauert, denn am Wochenende sind die Datenleitungen zum Internet überlastet. Die Statusanzeige für den Download stockt. Den ersten Hinweis mit der Bitte um Geduld nimmt sie noch gelassen zur Kenntnis und überbrückt die Zeit mit einem Kaffee.

12. Was nun folgt, ist wahrlich ein Erfolgspotpourri negativer Emotionen, über das wir vorausahnend oder rückblickend schmunzeln können. Wer kennt sie nicht, diese Aktualisierungsverkettungen von Download, Installation, Neueinstellungen, Treibersuche, Neustarts und Überraschungseffekten jeglicher Art bis hin zu Abstürzen? Ich habe darüber schon die unglaublichsten Geschichten gehört!

Sehen Sie die Parallelen? Wenn wir innere oder Computerprogramme vernachlässigen, setzen uns die daraus resultierenden Negativerfolge so lange zu, bis wir uns ihnen zuwenden und handeln. Ich stelle jetzt zwei pikante Fragen.

- Wann haben Sie das letzte Mal Ihre PC-Programme aktualisiert und die Festplatte aufgeräumt?
- Wann haben Sie das letzte Mal Ihre Werte, Haltungen, Einstellungen und Erwartungen aktualisiert und Ihre Glaubensmuster aufgeräumt?

Gibt es etwas zu tun? Selbst wenn Sie die Antworten gern für sich behalten möchten, die Relation der offensichtlichen Fakten können Sie sofort verändern. Hier ist meine Einladung: Machen Sie ein Update – wie auf dem Computer – und aktualisieren Sie Ihre Programme, damit Sie Ergebnisse schaffen, die Erfüllung sind. Denn Erfolg ist das, was folgt!

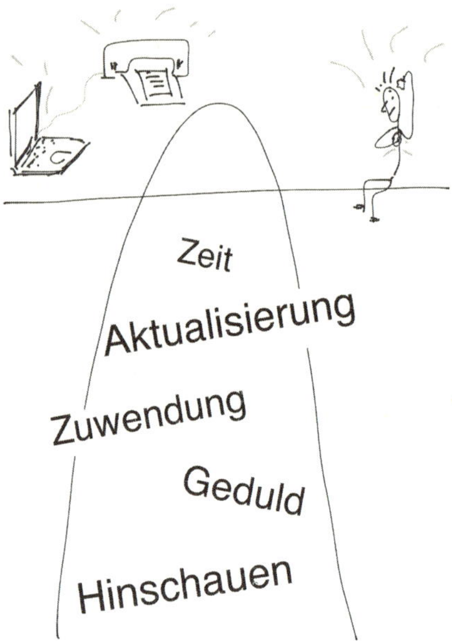

Das Eisbergmodell und der Produktionsprozess

Weil das Eisbergmodell eine zentrale Rolle spielt, liegt mir besonders am Herzen, dass ich Ihnen die unmittelbaren Wechselwirkungen zwischen unsichtbaren Bewegungen und sichtbaren Ergebnissen verdeutliche und Sie sich das Bild und die Kernbotschaft des Eisbergmodells einverleiben: Unsichtbare Bewegungen produzieren sichtbare Ergebnisse!

Eben weil dieses Thema so wichtig ist, biete ich Ihnen noch ein weiteres Bild an. Bilder sind hilfreich, wenn Sie in einer konkreten Situation vergessen, wie es geht. Neue Übungsfelder, hier die Aktualisierung innerer Programme, sind mit Bildern leichter zu handhaben. Grundsätzlich ist es einfacher, sich auf und in ihnen zu bewegen und neue Gang- und Umgangsarten auszuprobieren, wenn wir Bilder in uns tragen, die in konkreten Situationen aktiv werden und uns erinnern. Eins dieser Bilder ist die Produktion von Schokoladenkuchen.

Schokoladenkuchen braucht Schokoladenkuchen-Zutaten!

Eva stellt seit Jahren Zitronenkuchen her und hat dafür alle Zutaten und Arbeitsabläufe optimiert. Logisch ist, dass, wenn sie als Zutaten Zitronensaft, Zucker, Butter, Mehl, Eier und Backpulver verwendet, am Ende des Produktionsprozesses auch nur Zitronenkuchen herauskommen können. Die neuste Kundenumfrage ergibt, dass Schokoladenkuchen beliebter sind. Weil Eva ihren Umsatz steigern möchte (Ergebnisebene), entscheidet sie sich dafür, auf die Nachfrage zu reagieren. Sie könnte hier ein (Selbst-) Täuschungsmanöver vornehmen, die bisherigen Zutaten verwenden und den fertigen Zitronenkuchen mit Schokoladenguss überziehen, damit er den Schein erweckt, ein Schokoladenkuchen zu sein. Stellen Sie sich den entgeisterten Kunden vor, der diesen Betrug entdeckt!

Diese Vorgehensweise entspräche einem Selbstboykott, wie er leider auf anderen Ebenen weitverbreitet ist. Darum wird Eva die Zutaten ändern (die inneren Bewegungen). Sie benötigt statt Zitronensaft flüssige Schokolade, ein wenig Vanilleextrakt, geriebene Orangenschale und etwas Rum. Das Backverfahren ist dasselbe. Das Ergebnis nun ein anderes. Die (Selbst-)Täuschung via Schokoladenüberzug wäre genauso substanzlos wie andere Maßnahmen, die ausschließlich auf der Ergebnisebene durchgeführt werden.

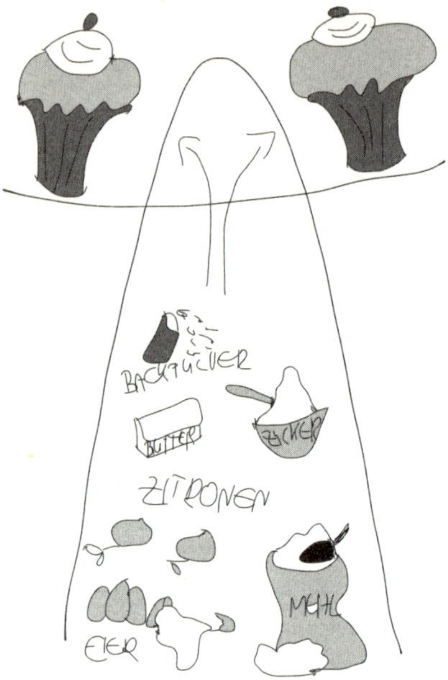

Das Zehn-Punkte-Fazit

Verwenden Sie es wie Medizin – mit täglich einem Tropfen!

1. Mit der Aktualisierung unsichtbarer Bewegungen werden neue Bewegungen initiiert.
2. Diese rufen weitere neue Bewegungen hervor.
3. Neue Bewegungen aktivieren neue Impulse.
4. Mit einer achtsamen Haltung sensibilisieren Sie sich für die neuen Impulse.
5. Impulse sind Handlungsempfehlungen, die zu prüfen sind.
6. Sobald ein Impuls geprüft und bestätigt ist, kann die Handlung durchgeführt werden.
7. Das heißt, Sie wissen immer, was zu tun ist.
8. Lösungsideen wachsen ganz natürlich auf dem Boden aktualisierter unsichtbarer Bewegungen.

9. Aufrichtig umgesetzte Maßnahmen führen zu nachhaltigen Ergebnissen.
10. Sie sind im Fluss!

Herz an Hirn und das Unternehmensgebäude

Machen wir einen kleinen Ausflug in das Unternehmensgebäude Ihrer Selbstständigkeit. Es hat mehrere Stockwerke. Sie regieren in der obersten Etage im weißen Chefinnensessel und genießen das Spiel der Spektralfarben, wenn sich am Mittag das Sonnenlicht auf seinen blanken Chromteilen bricht und in den Fensterscheiben widerspiegelt. Sie können sich jederzeit zurücklehnen, dem Sessel einen Schwung verpassen und Ihr Auge im Panoramablick über die Stadt schweifen lassen. Das entspannt und inspiriert zugleich. Überblick. Weitblick. Das sind Attribute von unternehmerischem Denken. Bisher lieben Sie es, von dort aus alles zu beherrschen, was unter Ihnen ist. Eine Hierarchie ganz nach Ihrem Geschmack!

Herr Denker, Ihr Assistent, ist der glücklichste aller Mitarbeiter überhaupt, sobald er wittert, dass er für Sie aus dem Katalog rationaler Argumente referieren darf. Mit brillanter Klarheit und Geschwindigkeit fächert er seine Lösungswege am großen Tisch auf und liefert die Arbeitsanweisungen für die unteren Etagen gleich mit. Klar, wer oben regiert, baut darauf, dass es unten funktioniert. Natürlich nur mit entsprechender Kontrolle. Wenn Herr Denker so in seinem Element ist, vergisst er, dass auch er von allen, die unter ihm sind, abhängig ist, vor allem dann, wenn er in den Kategorien von »Ich muss!« unterwegs ist und ihm vor lauter »Teile und herrsche!« schwindelig wird. Er teilt oder trennt seine eigene Position vom Ganzen und katapultiert sich an den Abgrund der Selbstüberschätzung.

Oben kann sich nur wohl- und sicher fühlen, wer seine scheinbar Untergebenen kennt und ihnen vertrauen kann. Sobald Sie mit Ihrem Team, den Erfolgsboten, und dem Vertrauen am Konferenztisch sitzen, enden die Höhenflüge von Herrn Denker mit einem abrupten Rutsch vom imaginären Thron und münden in leichte Verlegenheit. Wir wissen ja bereits, dass er sich magisch angezogen fühlt vom Vertrauen. In solchen Momenten kommt es vor, dass der sonst so sprachgewandte Assistent vorübergehend im Nirwana der Wortlosigkeit versinkt. Ganz schlimm kommt es für Herrn Denker morgens zwischen 8.00 und 8.15 Uhr. Manchmal sieht man ihn um diese Zeit am Fenster stehen (während Sie Ihren morgendlichen Termin in der Herzetage wahrnehmen), kopfschüttelnd oder den schweren Kopf auf die Linke gestützt und diese wiederum von der Rechten gehalten. Rätsel tun sich auf. Es kann doch nicht sein, dass er etwas nicht versteht!

Sie ahnen es. Und Sie fühlen es. Wahre Führungsqualitäten können Sie nur nutzen und entfalten, wenn Sie Ihre Kompetenzen, Ideen und Pläne in der Herzetage bewegen. Dort ist Stille. Sie sind entspannt. Dort sind Sie verbunden mit Ihrer höchsten Instanz. Und an jedem Morgen nehmen Sie so etwas wie einen Nachklang mit in Ihren Unternehmensalltag. Zum Beispiel am Freitag, wenn Sie sich nach Ihrem Termin in der Herzetage mit der Finanzabteilung besprechen. Dann schauen Sie sich mit wachem Geist den wöchentlichen Soll-Ist-Vergleich Ihrer Rentabilitätsberechnung an, den Ihnen Frau Klarheit, die Abteilungsleiterin, vorlegt, prüfen das Liquiditätsergebnis und stimmen die strategischen Maßnahmen für die nächste Woche ab. Entscheidungen fallen leichter, wenn das Herz frei ist. Und Sie fühlen sich sicherer als am Abend vorher im Gespräch mit Herrn Denker.

Am Montag schauen Sie regelmäßig im Erdgeschoss vorbei. Frau Wertschätzung leitet dort die Existenzabteilung. Sie ist absolut zuverlässig. Darum mögen Sie ihre Gegenwart. Gemeinsam mit ihr führen Sie immer gute Lösungen herbei. Damit ist die kleine Unternehmensführung für heute erfüllt. Ergänzend finden Sie hier ein Organogramm zur Veranschaulichung.

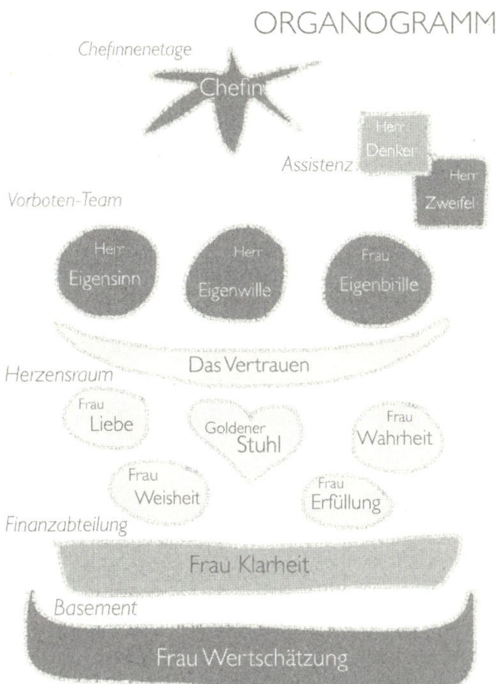

Ich erlaube mir, Sie nun in die Herzetage zu begleiten. Sie gehen durch die erste Tür und lassen sich auf Ihrem goldenen Stuhl am Tisch aus Ebenholz nieder. Dort schreiben Sie, wie beim ersten Mal, im 60-Sekunden-Takt. Und was Sie schreiben, liegt jenseits des Ressorts von Herrn Denker. Die Weisheit des Herzens können Sie nur fühlend wahrnehmen.

Wer führt Ihr Unternehmen wirklich?

Es geht um Herzenswünsche. Ihre Herzenswünsche! Wenn Sie sich ihnen zuwenden, betreten Sie den geheimen Pfad zur wahren Regierungsinstanz Ihrer Selbstständigkeit und Ihrer Erfolge. Herzenswünsche sind mit Gefühlen verbunden. Immer dann, wenn Sie von Liebe, Freude, Vertrauen, Wahrheit und Weisheit berührt sind, ist die Verbindung gegeben. Sobald Sie diese Gefühle empfinden, verschmelzen Sie mit ihnen. Dann wandeln sich Gefühle in Zustände. Manchmal für den Zeitraum einer Nanosekunde, manchmal etwas länger. Können Sie sie benennen, sind sie schon fort. Diese Zustände sind Ausdrucksformen des Seins. Sie lassen sich nicht machen. Sie entstehen, wenn Sie sich einlassen. Und was ist das Sein, das diese Zustände hervorbringt und in Ihrem Herzen wohnt? Es ist die individuelle, immerwährende geistige Existenz des Lebens (in Bewegung). Das Leben, das sich selbst gebiert. Wer es bewusst erfährt, weiß, dass es größer ist, als dass es sich in Worte fassen oder festhalten ließe. Seiner Natur nach ist es frei.

Und doch ist es erfahrbar, erlebbar, fühlbar. Es ist von unbeschreiblicher Schönheit. Es ist vollkommen. Und seine Wahrheit und Weisheit ist! Da gibt es nichts hinzuzufügen. Dies ist die wahre Instanz, aus der sich Ihr Selbstständigsein nährt, wenn Sie sich auf sich selbst einlassen und wenn Sie ständig Sie selbst sind. Damit wir uns leicht verständigen können, möchte ich es in diesem Rahmen bei dem Begriff »Selbst« belassen. Schön ist, dass sich das Selbst im deutschen Sprachgebrauch gern mit artverwandten Begriffen wie Erkenntnis, Bewusstsein, Vertrauen, Wahrnehmung und Erfüllung verbindet. Möge es Sie ab jetzt solo oder verwandt daran erinnern, wer es in Wahrheit ist, und Ihr Gemüt in Resonanz versetzen, damit Sie seine Existenz so oft wie möglich fühlen und den Zustand von Verbundenheit leben können.

In der Herzetage pflegen Sie den Prozess einer inneren Kommunikation. Hier gelten dieselben Bedingungen wie für die Kommunikation zwischen Gesprächspartnern. Nur, dass Sie verschiedene Standpunkte in sich selbst einnehmen. Da Menschen ohnehin in ständiger Kommunikation mit sich selbst sind, wäre es wünschenswert, dass sie es bewusst, liebevoll und fördernd tun.

Um eine gute Kommunikation führen zu können, wollen zwölf Grundvoraussetzungen erfüllt sein.

Zwölf Grundbedingungen für gute Kommunikation

1. Bereitschaft der Kommunikationspartner
2. Interesse am Kommunikationsthema
3. Einigkeit über Inhalt und Zielsetzung der Kommunikation
4. Bei Bedarf Klärung der Termini
5. Passender Zeitpunkt
6. Vereinbarter exklusiver Zeitraum
7. Physische und geistige Präsenz aller Beteiligten
8. Gegenseitige Wertschätzung
9. Achtsamkeit
10. Zuwendung
11. Selbstzentrierung
12. Empathie

Eine weitere Ebene sind die Gefühle. Gefühlte Weisheit ist die Ihnen innewohnende Wahrheit. Sie gilt einzig und allein für Sie. Niemand kann Ihnen diese Wahrheit geben oder sie für Sie herstellen. Das können nur Sie. Sie allein. Und das ist gut so. Das ist Freiheit. Das ist Unabhängigkeit. Zentrierung. Selbstbezug. Verbindung zu Ihrer Herzenswahrheit, die sich rational nicht erklären lässt, eben weil Denken und Verstehen auf einer anderen Ebene angesiedelt sind als die Sprache des Herzens. Darum nehmen sie den ihnen gebührenden Platz im obersten Stockwerk ein.

Wenn Sie Ihre Wahrheit fühlen und in Ihre Sprache aufnehmen, kann jeder in Ihrer Umgebung wahrnehmen, dass es sie gibt. Ihr Gegenüber kann sie mitfühlen, wenn seine Herzfrequenz aktiv ist.

Wenn Sie im Gespräch mit Herrn Denker in diesem Gewahrsein bleiben, kann selbst er Resonanz entwickeln. Das heißt nicht, dass er versteht. Das muss er auch gar nicht. Seine Aufgabe ist es zu akzeptieren, dass die Herzinstanz existiert und dass sie, wie eine verborgene Königin, das Selbstständigsein regiert, während Herr Denker an seinen Platz zurückkehren wird. Er war, ist und bleibt Assistent. In dieser Position wird er von allen geschätzt und in seiner Person als äußerst liebenswert empfunden.

Nur wer die Antwort kennt, kann die Frage stellen

Welch eine Wohltat, die natürliche Ordnung ist wiederhergestellt! Herr Denker hat seinen Platz als Assistent eingenommen. Und Sie können sogar davon ausgehen, dass er aufgrund seiner Selbstakzeptanz dazu in der Lage ist oder sein wird, mit Ihrer Wahrheit zu räsonieren. Ist das nicht wunderbar? Stundenlange Anstrengungen, die allzu oft mit Ihrer Kommunikation verbunden waren, fallen weg. Ich möchte Sie in der Hoffnung bestärken, dass der Antriebspegel für seine argumentativen Höhenflüge zukünftig deutlich niedriger ausfallen wird und aufgeblähte Diskussionen sich auf ein Minimum beschränken werden.

Ah, Sie werden diese Auseinandersetzungen vermissen? Sie fragen sich, was da noch zu besprechen bleibt, wenn jene zeit- und kräftezehrenden Einsätze wegfallen? Bitte verzeihen Sie, dass sich gerade in meinem Gesicht ein unwiderstehlich mitfühlendes Lächeln ausbreitet. Oh ja, ich kenne ihn zu gut, diesen wehmütigen Abschiedsschmerz von hindernden Gewohnheiten! Und es erfüllt mich mit Amüsement, wie perfekt wir uns doch stets organisiert und en détail programmiert haben! Selbst Herr Denker wird sich zu später Stunde, wenn alle Mitarbeiter längst das Haus verlassen haben und er dem Nachhall seiner ersonnenen Alleinherrschaft nachtrauert, ein halb triumphierendes Lächeln nicht verwehren können. Immerhin ist es ihm jahrelang gelungen, sich in der Aufmerksamkeit seiner Chefin zu baden und immer wieder den eigens dafür gebauten imaginären Thron zu besteigen. »Aus die Maus«, wie meine Rechtsanwältin zu sagen pflegt, wenn das Spiel vorbei ist. Wir waren alle geniale Spieler. Wir haben grandiose Dramen geschaffen, waren Kämpfer und Heldinnen, Opfer, Leidende und Klagende.

Doch jetzt haben Sie sich bis hierhin vorgewagt, haben das Spielfeld verlassen, alte Regeln durchschaut und wissen, dass Sie Ihre Programme selbst gestalten können. Sie stehen jetzt am Wendepunkt Ihres Lebens. Ihren ganzen Mut, Ihr ganzes Vertrauen haben Sie mitgebracht, damit Sie die Frage aller Fragen stellen und auf dem Grund Ihrer wesentlichen Entscheidungsinstanz die Antwort empfangen. Sie selbst geben sich die Antwort, die schon so lang danach ruft, dass Sie diese Frage stellen. Denn nur wer die Antwort kennt, kann die Frage stellen! Darum sind Sie Ihren Weg bis hierher gegangen. Mit allen Höhen und Tiefen, die Sie erfahren haben. Ahnen Sie, dass jeder Schritt Teil des Ganzen war und ist und darum genau so in Ordnung ist? Mit jedem Schritt haben Sie sich in diese Richtung geführt bis an den Ort, an dem Sie Ihre wesentliche Frage stellen werden. Sind Sie bereit?

Wenn Sie noch nicht bereit sind, lesen Sie trotzdem weiter. Sie können jederzeit an diese Stelle des Buches zurückkehren. Wenn Sie bereit sind, können Sie zwischen zwei Möglichkeiten wählen.

Nach gründlichem Abwägen habe ich mich dafür entschieden, den Text zur meditativen Annäherung statt im Buch auf meiner Website zur Verfügung zu stellen. Damit möchte ich auf seinen besonderen Stellenwert aufmerksam machen und Ihnen die Möglichkeit zu Unbefangenheit und Tiefgang erhalten. Sie kommen sich näher, wenn Sie auditiv mit dem Klang arbeiten und den meditativen Charakter wahren.

Möglichkeit 1:
Sie laden sich die Audiodatei im MP3-Format auf Ihren Computer und hören sich diese an, ohne den Text vorher gelesen zu haben. Ich empfehle diese Variante, weil Sie sich über diesen Weg unvoreingenommen an sich selbst annähern können. Die kostenfreie Nutzung der Audiodatei erhalten Sie wie folgt: Bitte registrieren Sie sich auf meiner Website in der Liste »Buch-LeserIn« und laden Sie sich die Audiodatei auf Ihren Computer.

Möglichkeit 2:
Sie laden die Textdatei von meiner Website herunter, sprechen die Aufnahme selbst auf Ihren Computer und machen sich auf diesem Weg vorab mit dem Inhalt vertraut. Den Download des Textes erhalten Sie nach vorheriger Anmeldung auf meiner Website.

Bitte beachten Sie die Empfehlungen zur Erstellung der Audioaufnahme, zur Vorbereitung auf die meditative Annäherung und für den Umgang mit dem Nachklang.

Noch eine kleine Bemerkung vorab

Sie werden in der meditativen Annäherung Ihrer Wahrheit begegnen. Wie diese sich Ihnen offenbart, geschieht immer auf einzigartige Weise. Darum können Sie vorbehaltlos sein, frei von Erwartungen. Keine Wahrheit gleicht der einer anderen Person. Sie kann sich konkret und pragmatisch zeigen. Dann wissen Sie, was im nächsten Schritt zu tun ist. Sie kann sich fantastisch zeigen, wie Sie es aus Ihren Träumen kennen. Sie kann über alle Sinne erfahrbar sein. Vielleicht sehen Sie ein einziges Wort oder ein Bild oder eine Zahl. Alles ist möglich.

Empfehlung: Wie Sie Ihre eigene Audioaufnahme erstellen

Bitte melden Sie sich auf der Website an und laden Sie den Text auf Ihren Computer.
Trinken Sie ein Glas Apfelsaft oder einen warmem Tee, damit ein feuchtes Klima im Sprechraum gegeben ist.
Lesen Sie den Text vom PC oder ausgedruckt einmal laut vor.
Ziehen Sie sich mit dem PC, Handy oder Smartphone oder einem anderen Aufnahmegerät an einen ungestörten Ort zurück und machen Sie dort eine kleine Testaufnahme mit eigenen Worten.
Erwärmen Sie Ihre Sprechmuskulatur, indem Sie die Lippen abwechselnd spitzen und zu einem breiten Grinsen auseinanderziehen.
Bewegen Sie sich durch das Zimmer und nehmen Sie dann bewusst die eigene Position im Raum ein.
Schließen Sie für einen Moment die Augen und spüren Sie die Berührung der Füße mit dem Boden.
Beobachten Sie den Atem.
Werden Sie ganz still.
Öffnen Sie die Augen.
Klicken Sie auf Ihrem Gerät auf »Sprachaufnahme«.

Sprechen Sie nun langsam und ruhig den Text vom PC oder Blatt.
Legen Sie nach dem letzten Wort eine Sprachpause ein.
Beenden Sie die Sprachaufnahme.

Empfehlung: Wie Sie sich meditativ annähern

Wenn Sie sich für eine der Varianten entschieden haben, ziehen Sie sich bitte mit Gerät und Audioaufnahme an einen ungestörten Ort zurück.
Planen Sie für die Annäherung und den Nachklang ausreichend Zeit von etwa einer Stunde ein.
Schalten Sie alle zusätzlichen Medien aus.
Der Raum sollte gut gelüftet sein und eine angenehme Temperatur haben.
Ein bequemer Stuhl oder Sessel steht für Sie bereit.
Wer es mag, zündet eine Kerze an.
Eine Schreibunterlage, Papier und Stifte liegen bereit.
Sie nehmen Platz.
Jetzt schalten Sie die Audioaufnahme ein und folgen dem Text zur meditativen Annäherung an Ihre Wahrheit.

Empfehlung: Wie Sie mit dem Nachklang umgehen

Sie schalten die Audioaufnahme aus.
Bleiben Sie so lange still an Ihrem Platz, bis Sie einen natürlichen Bewegungsimpuls wahrnehmen.
Dann schreiben Sie schweigend Ihre Notizen nieder und fertigen Zeichnungen an über das Wahrgenommene.
Nehmen Sie sich so viel Zeit, wie Sie brauchen.
Sie wissen, wann der Prozess beendet ist.
Bleiben Sie in Ihrer Präsenz.
Stellen Sie jetzt das Gerät für eine weitere Audioaufnahme ein.

Und sprechen Sie auf, was Sie wahrgenommen haben.
Beenden Sie die Aufnahme mit der Frage »Kann ich sein, was sein will?«.
Und antworten Sie wahrheitsgemäß, die Wahrheit ist immer das, was Sie fühlen, im Idealfall mit: »Ja, ich kann!«
Damit ist der Prozess der meditativen Annäherung einschließlich persönlichem Bekenntnis für heute erfüllt.

Empfehlung: Wie Sie mit Ihrer Wahrheit umgehen

Legen Sie die Notizen und Zeichnungen an einen gut sichtbaren Platz auf Ihrem Schreib- oder Nachttisch.
Ergänzen Sie diese in den nächsten drei Tagen mit allen weiteren Informationen, Inspirationen, Bildern, Ideen und Träumen, die aus Ihrer tiefsten Wahrheit auftauchen. Das können auch plötzliche Eingebungen sein durch ein gehörtes Wort oder einen Satz im Vorbeigehen auf der Straße. (Kürzlich verkündete mir ein junger Coachee voller Begeisterung: »Alles im Leben ist Information!« Ja, so ist es für all diejenigen, denen Hören und Sehen nicht vergangen ist.)
Wenn Sie sich die Aufzeichnungen jeden Abend vor dem Einschlafen anschauen, können sie in Ihrem inneren Kreativraum wirken und den Weg für beste Lösungen skizzieren. Stellen Sie sich darauf ein, dass Sie am Morgen mit der besten Idee des Tages aufwachen und damit Ihre Wahrheit realisieren werden.

Birgits Wahrheit ist Schönheit und Ruhe

Birgit findet sich am Strand einer traumhaften Insel wieder. Hier ist sie zu Hause. Der Wind weht warm von Süden. Ihre Hängematte wiegt sich im Halbschatten der Palmen ganz im sanften Rhythmus des Wassers, sodass sich auch ihr Atem diesem Einklang von

Kommen und Gehen überlässt. Zwischen grünen Palmenblättern blickt sie in das vibrierendste Himmelblau, das sie jemals sah. Sie ist überwältigt von der Schönheit und Ruhe dieses Ortes. Als sie mich anblickt, leuchtet mir ein Gefühl des Friedens entgegen. Birgit fühlt Vertrauen. Sie hat für einen Moment die Kampfhaltung abgelegt und friedliches Einverständnis mit sich selbst gespürt. Sie bringt Gewissheit mit aus der meditativen Annäherung über eine Kraft, die jenseits von Kampf liegt. Sie wird es schaffen, eine eigene Kollektion zu nähen und in ihrem Second-Hand-Laden zu verkaufen. Sie weiß ganz konkret, mit welchen Teilen sie beginnt. Und das Stofflager ist voll!

Als ich Birgit nach ihrer Schilderung die Frage stelle, ob sie sein kann, was sie sein will, antwortet sie aus vollem Herzen: »Ja!« Sie weiß es. Trotzdem hat sie Bedenken, ob sie es auch wirklich tun wird. Sie wird es versuchen! So tröstet sie sich. Birgit ist aufrichtig. In den nächsten Wochen unserer Zusammenarbeit lernt sie viel Neues über sich und darüber, wie sie sorgenvolle Haltungen ablegen und die Weisheit dessen, was sein will, in ihre Entscheidungen miteinbeziehen kann.

Kehren wir deshalb noch einmal kurz zurück zur Betrachtung des ersten sorgenvollen Gedankens. Dies ist immer der Moment Ihrer Entscheidung. Dies ist die Weggabelung mit den Wegweisern »Abwendung« und »Zuwendung«. Mit jedem Gedanken, der dem Anpassungsmodus entspringt, stellen Sie sich vor eine selbst geschaffene Herausforderung und geben sich gleichzeitig die Chance, in den Zentralisierungsmodus zu wechseln. Dieser Moment ist so subtil! Und gleichzeitig so offensichtlich! Und jeder kennt ihn! Ich bitte Sie, geben Sie die bekannten Legitimationsargumente wie »Es ist größer als ich«, »Es zieht mich herunter«, »Es macht mir Angst«, »Aber das ist doch meine Realität« an Herrn Zweifel zurück. Soll er ohne Sie damit glücklich werden! Und Herrn Denker teilen Sie mit, dass er später einen neuen Auftrag bekommt, damit er sich beruhigt. Machen Sie es sich zur neuen Gewohnheit, dem ersten sorgenvollen Gedanken mit einem »Moment mal!« zu begegnen. Besinnen Sie sich auf Ihre Wahrheit, auf das, was sein will, und prüfen Sie, in welche Richtung Sie den nächsten Schritt wirklich gehen wollen. Ich vertraue darauf, dass es für Sie wie folgt weitergehen wird.

Auf dem Pfad der Zuwendung lädt schon bald eine Wanderhütte zum Verweilen ein. Sie liegt auf einem Plateau und bietet Ihnen einen freien Blick über die weite Landschaft. Und wenn Sie genau hinschauen, wenn Sie mit dem Herzen sehen, können Sie beobachten, wie eine einfache Holzbank sich in den goldenen Stuhl und ein grober Holzklotz sich in Ihren Tisch aus Ebenholz verwandeln. Ab jetzt wissen Sie, dass Sie Ihre Herzetage an jeden Ort der Welt zaubern können. Ich bin entzückt, Sie dort sitzen zu sehen. Wie Sie es genießen, sich zurücklehnen, die Düfte der Natur einatmen und Ihren Blick schweifen lassen über diese wundervolle Landschaft! Nach einigen Minuten völliger Entspannung schärfen Sie Ihren Blick, denn Sie vernehmen in Ihrem Innern klar und deutlich folgende Frage:

Was ist schon da?

Was ist schon da von dem, was sein will? Sie zögern einen Moment. Dann wird Ihnen augenblicklich bewusst, dass natürlich schon etwas da ist. Sie fangen nicht bei null an. Sie haben längst vorbereitet, was sich realisieren will. Ein Griff in Ihren Rucksack, und Notizbuch und Füller erblicken das Tageslicht. Dann schreiben Sie und versinken in Zeitlosigkeit. Sie tauchen erst wieder auf, nachdem Sie eine lange Liste in Ihr Buch geschrieben haben. Wow! Das hätten Sie nicht gedacht. Es ist schon so viel da! Sie haben wirklich gute Vorarbeit geleistet. Wenn ein Moment der Fülle erlebbar ist, dann jetzt! Ihr Energiepegel ist deutlich gestiegen. Sie fühlen sich wie eine junge Göttin. Zu allem bereit, was jetzt Zuwendung, Zentralisierung und Tatkraft heißt. Zügig packen Sie zusammen, verabschieden sich dankbar von diesem Ort, füllen Ihre Trinkflasche im vorbeiplätschernden Bach auf und machen sich hoch inspiriert und motiviert auf den Weg in Ihr Büro. Freudig hecken Sie das Beschäftigungsprogramm für Herrn Denker aus und schmunzeln vor sich hin.

Herz an Hand und Fuß

Zurück von Ihrer Wanderung, blicken Sie nach oben in die höchste Etage. Dort sehen Sie den Schatten von Herrn Denker in der für ihn typischen Haltung, den Kopf von der Linken und diese von der Rechten gestützt, vor der Fensterfront auf und ab laufen. Sorgenvoll spricht er hörbar mit sich selbst und ist beunruhigt über die Länge Ihres Ausflugs. Als Sie Ihr Büro betreten, steht er augenblicklich an der Tür und blickt Sie mit in Falten gelegter Stirn an. Sie schenken ihm ein Lächeln und setzen für den nächsten Morgen ein Meeting fest. Herr Denker nimmt seinen Auftrag entgegen, informiert die Erfolgsboten, Frau Klarheit aus der Finanzabteilung und das verehrte Vertrauen. Da es ihm obliegt, das Protokoll zu schreiben, organisiert er sich gleich neu für morgen Vormittag.

Für die nächste Stunde schließen Sie Ihre Bürotür und weisen Herrn Denker an, Sie ungestört zu lassen. Den Chefinnensessel in der Wipp-Position, lehnen Sie sich heiter zurück, lassen Ihren Blick auf dem Häusermeer Ihrer Stadt ruhen und genießen den Nachklang des Verweilens in der Wanderhütte. Heilige Vorfreude bewegt sich in Ihnen und um Sie herum. Sie wissen genau, was morgen früh gesagt sein will. Alle werden begeistert sein. Da sind Sie sicher. Noch ein paar Notizen, dann schließen Sie Ihr Buch, öffnen die Tür und verabschieden sich von Herrn Denker mit einem herzlichen »Guten Abend!«. Noch ein kleiner Einkauf fürs Abendessen auf dem Heimweg. Die Verkäuferin am Gemüsestand lächelt zurück. Zu Hause wird's heute fein. Danach geht's zeitig ins Bett. Und morgen früh gibt's eine schöne Überraschung.

Pünktlich um 7.45 Uhr stehen Sie im Büro. Sie haben wunderbar geschlafen und befinden sich in heller Vorfreude auf das Meeting. Herrn Denker bitten Sie, noch schnell frische Rosen zu besorgen und Tee zu kochen. »Die Rosen dürfen gerne duften«, ergänzen Sie. Dann fahren Sie hinunter in die Herzetage, wie jeden Morgen von 8.00 bis 8.15 Uhr. Dort gehen Sie durch die erste Tür, lassen sich nieder auf dem goldenen Stuhl und legen Ihr Notizbuch auf den Tisch aus Ebenholz. Sie kommunizieren mit sich selbst und machen Notizen und einige Zeichnungen. Es tut gut, wieder hier zu sein.

Meeting am Freitagmorgen. Wunderbar! Der Himmel ist blau, die Stimmung im Raum offen und leicht und Ihre Augen funkeln. Der Tee ist gut. Und die Rosen verbreiten einen zarten Duft. Sie erheben sich und beginnen.

Das Plädoyer

»Ihr Lieben! Ich habe euch zu diesem Meeting eingeladen, weil ich euch mitteilen möchte, welch bedeutsame Einsichten ich in den letzten Tagen gewonnen habe und auf welche Weise diese zum Herzen unseres Unternehmens geworden sind.

Ihr alle kennt die lange Vorgeschichte meiner Selbstständigkeit. Insbesondere ihr, liebe Erfolgsboten, habt mit langem Atem darum gerungen, dass ich mich in meiner Art zunehmend sehen und akzeptieren lernte, privat wie beruflich, persönlich wie unternehmerisch. Und du, liebes Vertrauen, standest unerschütterlich zu mir in all den Jahren, Tagen und Minuten, selbst dann, wenn ich deine Existenz leugnete. Und dich, lieber Herr Denker, habe ich allzu oft vernachlässigt, habe dir in Angelegenheiten freie Hand gegeben, die dich überforderten. Ihr alle habt euer Bestes gegeben! Dafür sage ich heute Danke! Ausdrücklich und von Herzen. Danke!

Nun habe ich vor einiger Zeit eine Bestandsaufnahme gemacht. Zu meinem Erstaunen habe ich erkannt, dass 20 Prozent meiner selbstständigen Existenz an negative Strukturen gebunden sind und mindestens 40 Prozent meines Potenzials brachliegen. Zunächst war ich schockiert, erlag vorübergehend einem archaischen Fluchtimpuls, kehrte beschämt an den Ort des Geschehens zurück, nahm allen Mut zusammen, wagte einen zweiten Blick in die von mir geschaffene Realität und konnte schließlich zu dem stehen, was ich sah. Seit dieser Akzeptanz gehe ich erleichtert durch den Tag und gewinne gleichzeitig eine stärkende Zuversicht. Ja, ich bin bereit für Veränderung! Dazu bekenne ich mich! Ich möchte, dass wir gemeinsam unsere Istsituation verbessern. (Erste Vorschläge hatten wir ja seinerzeit bereits protokolliert.) Auch wenn ich noch nicht weiß, das möchte ich betonen, was das im Detail bedeutet und wohin die daraus resultierenden Folgen führen werden.

Seit ich allmorgendlich die Herzetage aufsuche und mich ins Gespräch mit mir selbst vertiefe, verändert sich mein Leben. Ich bin achtsamer geworden. Deutlich achtsamer. Allein die Tatsache, dass ich diesen Raum betrete, wirkt sich höchst entspannend auf meinen Geist und meinen Körper aus. Ich empfinde es als äußerst genussvoll, wenn ich mich mit ganzer Zuwendung auf dem goldenen Stuhl niederlasse. Dort sitze ich aufrechter als woanders. Und ich gehe aufrechter, wenn ich die Herzetage wieder verlasse. Meine Sprache ist klarer geworden. Wir kommunizieren besser. Das ist für uns alle angenehmer, nicht wahr?

Nun komme ich zu alten und neuen Handlungen. Was tue ich den ganzen Tag mit meinen Händen? Ich wische mit dem Daumen über Smartphone und Tablet, schreibe mit dem Stift Notizen aufs Papier, tanze stundenlang mit meinen Fingerkuppen auf der Tastatur des PCs, schreibe Texte, Artikel, E-Mails, Berichte und fülle Dokumente aus. Ich begrüße und verabschiede meine Kunden. Ich halte meine Teetasse, das Besteck, den Teller, den Kochlöffel, den Topf und vieles, vieles mehr. Ob ich meine Grundbedürfnisse erfülle oder ein Konzept schreibe, die Rentabilität berechne oder am Flipchart arbeite, ich tue es mit meinen Händen. Alles, was ich an euch weiterreiche, geht durch meine Hände, was ich von euch bekomme, geht von euren in meine Hände über. Bei allem Respekt gegenüber deinen grandiosen Kompetenzen, lieber Herr Denker, fast alles, was ich bisher mit meinen Händen tat, hattest du geplant, strukturiert und als fertige To-do-Liste an mich zurückgegeben. Heute weiß ich, wir können diese hervorragende Zusammenarbeit noch übertreffen, wenn wir ihr etwas hinzufügen.

Weitere Fragen tun sich auf. Wozu habe ich meine Füße? Damit ich auf ihnen stehen, mich mit ihnen bewegen kann. Sie haben Zehen, die sich ebenfalls bewegen. Ich kann sie spreizen, krümmen, auf Zehenspitzen tanzen, laufen, einen Sprung abfedern. Mit nackten Füßen spüre ich Erde, Gras, Sand, Holz, Steine, Asphalt. Ich bin es gewohnt, sie in Strümpfe und Schuhe zu stecken, auch wenn ich am liebsten barfuß laufe. Meine Füße dienen mir. Sie tragen mich gemeinsam mit den Beinen durch mein Leben. Und wie nutze ich meine Füße? Sie bewegen sich nur auf Befehl. Ich bestimme, was sie tun und wohin sie gehen, wohin sie mich bringen und wo ich ankomme. Sie sind abhängig davon, was ich ihnen sage und ob ich sie pflege oder nicht. Folgen meine Füße jedoch nur Herrn Denkers Anweisungen, dann fehlt ihnen etwas. Ahnt ihr, was ich meine?

Kürzlich ließ ich mich auf eine meditative Annäherung ein. Ich machte eine Erfahrung wie nie zuvor. Alles, wirklich alles, womit vor allem Herr Denker und ich uns die meiste Zeit beschäftigen, ließ ich hinter mir. Zum ersten Mal in meinem Leben betrat ich einen Raum, der noch größer, weiter und schöner war als mein Raum in der Herzetage. Ich atmete einen anderen Atem, nahm mit anderen Sinnen wahr und fühlte, dass alles, was ist, kostbar ist. Und ich vernahm dort einen Ton, einen einzigen Ton. Ich kenne nur ein Wort, das annähernd diese Erfahrung trifft. Wort und Ton gemeinsam sind seitdem das Maß aller Dinge. Einklang ist das Wort. Einklang ist es, dem ich folgen möchte! Einklang ist es, den ich schaffen möchte!

Ich bin überzeugt, dass Einklang dann gegeben ist, wenn wir uns gemeinsam darauf einlassen, wenn zwischen dem goldenen Stuhl und den ausführenden Organen oder Personen frei kommuniziert wird und daraus die besten, klarsten und schönsten Erfolge resultieren! Ich plädiere für die Vision von Einklang, weil es erfüllend und beglückend ist, der höchsten Wahrheit zu folgen, sie überhaupt zu erkennen, sie in ihrer Schönheit und Vollkommenheit wahrnehmen zu können. Dieses Glücksempfinden durch alle Adern strömen zu lassen. Sich selbst damit immer wieder neu zu beflügeln und sich getragen zu fühlen vom Aufwind der Liebe, sich geborgen zu fühlen in den Armen der Verbundenheit und die Kraft eines Adlers in den eigenen Schwingen zu spüren und sich fortzubewegen auf dem Weg zur Sonne. Das ist meine Vision von Einklang. Das möchte ich mit euch sein. Weil ich überzeugt bin, dass wir uns immer wieder an diesem zentralen Punkt treffen können, dass wir Einklang mit unseren Produkten und Dienstleistungen und mit unseren Kunden erreichen können. Wenn wir diesen Einklang schaffen, wird darauf Einklang folgen. Das, ihr Lieben, ist meine Vision und unser Auftrag.«

Als das letzte Wort gesagt ist, erfüllt eine Stille den Raum, die Tisch, Tassen, Tee, selbst die Rosen zum Schwingen bringt, nicht einen einzigen Atemzug vernehmen und selbst das Schweigen der Zuhörer vibrieren lässt. So bleibt es für zehn, 20, 30 Sekunden. Im selben Takt scheint die Temperatur im Raum zu steigen.

Das Vertrauen erhebt sich als Erstes von seinem Platz. Mit einem Lächeln, das mehr ist als ein Lächeln, führt es alle mit einem einzigen Wort aus einer kleinen Ewigkeit hinüber in den Freitagmorgen am Konferenztisch. Danke! Das Vertrauen bleibt stehen. Nacheinander erheben sich auch die Vorboten und Herr Denker mit einem Danke von ihren Stühlen. Die Anwesenden sind sich einig: Heute hat eine neue Zeit begonnen, das ist gewiss.

Bald darauf kehren sie an ihren Platz zurück. Den Einklang nehmen sie mit. Er gibt ab heute den Ton an. Zum Zeichen erwartet sie auf jedem Schreibtisch ein Ständer aus Ebenholz, der einen Triangel hält und einen kleinen Schlägel dazu.

Jedes Teil hat sein Geburtsrecht auf Einklang und besitzt die Fähigkeit, zum großen Einklang oder Einklang des Ganzen auf seine Art beizutragen.

Hand aufs Herz!

Wenn wir in unserem Kulturkreis die Aufforderung »Hand aufs Herz!« verwenden, ist sie stets von einer fragenden Komponente begleitet. Wir erwarten von unserem Gegenüber, dass es für einen Moment das Spiel verlässt, dass er oder sie die reine Wahrheit sagt, während wir mit einer symbolischen Geste die Hand auf den Brustkorb legen, bereit, diese Wahrheit zu hören.

Diese Tatsachen führen mich zu folgenden Fragen:

- Sind wir im alltäglichen Umgang von Mensch zu Mensch so weit von der reinen Wahrheit entfernt, dass wir uns nur in besonderen Situationen dazu auffordern oder gar im juristischen Kontext dazu nötigen?
- Und wie kommt es, dass ein und dieselbe Tatsache aus der Sicht von drei Menschen zu drei unterschiedlichen Wahrheiten führt?
- Liegt das an der jeweiligen räumlichen Perspektive der Betrachter?
- Oder an ihrer Sehschärfe?
- Ist es eine Frage der Wahrnehmung und der unterschiedlichen Ausprägung der Sinne?
- Wer will darüber entscheiden, wessen Wahrheit der reinen Wahrheit entspricht?
- Gibt es eine für alle gültige Wahrheit?

Würden wir Herrn Denker mit der Lösung dieser Fragen beauftragen, käme er zu rationalen und logischen Antworten. Ihre Hände würden es anders sehen, wenn sie einen vollen Aktenkarton durchs Treppenhaus schleppen sollten, als Ihre Füße, die Stufe für Stufe vom Erdgeschoss in die Chefinnenetage hinaufstiegen. Auch Herr

Eigensinn, Herr Eigenwille und Frau Eigenbrille kommen zu anderen Ansichten. Perspektiven sind wie Stockwerke auf verschiedenen Ebenen angesiedelt. Sicht, Sprache und Wahrnehmung der Ebenen unterscheiden sich deutlich. Das ist gut so und zu respektieren. All diese Perspektiven sind intern und wollen vereint werden, damit Einklang in Ihre Angebote und Dienstleistungen einfließen und extern, von Ihren Kunden, als solcher wahrgenommen werden kann. Denn die leisen Botschaften sind es, die Ihre Kunden anziehen oder fernhalten. Einklang ist fühlbar.

Regie führen

Das Leben, das Unternehmen und eine Selbstständigkeit unterscheiden sich nur unwesentlich von einem großen Theaterspiel. Und die Kunst einer Lebens- und Unternehmensführung besteht darin, die Position der Regisseurin einzunehmen. Sie gibt Anweisungen und sie beobachtet, sie interveniert oder sie lässt geschehen, je nachdem, was sich gerade besser dazu eignet, ihrer Wahrheit vom Stück (oder vom Leben) den würdevollsten, charmantesten oder radikalsten Ausdruck zu verleihen, damit sich die jeweilige Szene entfaltet und das Publikum mitreißt, während die Schauspieler, an ihrem Platz auf der Bühne, wiederum ihr Bestes geben. Die Inszenierung kann dann gelingen, wenn die Regisseurin sich in jede Darstellungsform hineinempfinden, die Idee und Wahrheit des ganzen Stücks an die Schauspieler in ihren Parts vermitteln, dann wieder in ihre Position zurückkehren und bei Bedarf ihre eigene Perspektive, die des Schauspielers und die des Publikums einnehmen kann. Sie stellt in und zwischen den einzelnen Positionen und Ebenen Einklang her, damit dieser jeden Schauspieler, die Bühne, den Theaterraum, das Publikum und jeden einzelnen Zuschauer erfüllen und berühren kann. Das kann sie nur dann leisten, wenn sie selbst im Einklang ist mit der ihr innewohnenden Wahrheit von der Idee des Stückes.

Genau das ist Ihr Ziel! Einklang des Einzelnen und Einklang des Ganzen. Jetzt, da Sie Ihre Wahrheit kennen, liegt es in Ihrer Hand, dem Einklang in sich selbst zu folgen. Selbst Einklang zu sein. Darum ist neben Ihrem formalen weißen Chefinnensessel Ihr Regisseurinnensessel der goldene Stuhl. Sobald Sie auf dem goldenen Stuhl im Einklang mit Ihrer Wahrheit sind, wissen Sie, was zu tun ist.

Also, Hand aufs Herz! Mit dieser Geste fühlen Sie, was Ihr Herz zu sagen hat. Sie kennen Ihre Wahrheit. Sie wissen, was sein will. Und Sie sind damit einverstanden. Mit anderen Worten: Sie wollen in Übereinstimmung mit der Wahrheit bleiben.

Weil Einklang empfunden wird

Einklang oder Unisono (Unisono ist lateinischen Ursprungs: *unus* = »eins« und *sonare* = »klingen«) tritt dann ein, wenn sich zu etwas Bestehendem ein Weiteres oder mehrere hinzugesellen und alle Beteiligten in Harmonie zusammenkommen. In der Musik nennt man es *concertare*, den Zusammenklang auf dieselbe Tonhöhe beziehungsweise eine Sinfonie in ein harmonisches Zusammenspiel bringen, was als wohltuend empfunden wird.

Einklang wird auch im Kontext von Politik, Natur und Zeitgeist als positiv systemkonformes Ergebnis oder bei Abstimmungen als Einstimmigkeit bezeichnet. Aus Sicht einer Selbstständigen besitzt Einklang private und berufliche oder geschäftliche Anteile, die, harmonisch zusammengefügt, einen ausgeglichenen Mix der Lebensbereiche, eine Work-Life-Balance, darstellen. Mathematisch und umgangssprachlich ausgedrückt können wir sagen, dass wir etwas auf einen gemeinsamen Nenner bringen.

Sechs Kriterien von Einklang

- Einklang ist immer da, das bedeutet vorhandene Präsenz.
- Er klingt und schwingt.
- Darum ist er hörbar.
- Er sendet aus beziehungsweise ruft.
- Wir können ihm in Schwingung, Klang, Ton folgen,
- indem wir auf einzigartige Weise mitschwingen, uns einklingen, also eigene Präsenz einbringen.

Vier Voraussetzungen dafür, Teil eines Einklangs zu sein

- Haltung: Zuwendung
- Geste: Hand aufs Herz
- Gefühl: Wahrnehmung, das Wahre (an)nehmen
- Vibration: zuhören, mitschwingen (Sensibilisierung mithilfe eines Instruments, hier Triangel und Schlägel)

Sechs unternehmerische Stationen von Einklang

- Intern: Inhaberin und Mitarbeiter
- Extrovertiert: Produkt und Dienstleistung als Träger und Mittler
- Kommunikativ: zwischen Unternehmen und Kunde bzw. Markt
- Extern: Kunde erlebt Einklang durch das Produkt
- Exponentiell: Kunde wird zum Stammkunden und Empfehler
- Integrativ: führt zu guter, stabiler Auftragslage

Welch immense Kraft wir im Einklang mit uns selbst entwickeln können, zeigt uns die 2007 in den USA produzierte Verfilmung eines modernen Märchens von Paul Castro und Nick Castle unter Regie von Kirsten Sheridan, *Klang des Herzens*. Es handelt sich um die Geschichte des Heimkindes August Rush, der sich aufmacht, um seine Eltern wiederzufinden. Dort heißt es: »Musik ist eine harmonische Verbindung zwischen Menschen. Man muss einfach nur zuhören.«

... und dann handeln!

So tun Sie, was Sie wollen

»Tun Sie,
was Sie wollen,
oder tun Sie so,
als ob Sie wollten?«

Die Wahrheit ist, dass mehr Menschen so tun, als ob sie wollten. Sie sind nicht im Einklang. Sie haben aus einem mindestens zwei oder viele gemacht.

Das liegt daran, dass sie darin geschult sind, sich innerlich, aber auch sich und das Leben, die Welt, den Markt, Angebot und Nachfrage zu trennen. Sie sind damit beschäftigt, Herrn Denker zu beschäftigen. Das betreiben sie hoch konzentriert, bis sie vergessen, dass es außer ihm ein liebendes Herz gibt, einen Willen, mit dessen Kraft Gestaltung zu Erfüllung wird. Und einen Boden, auf dem sie stehen und auf dem sie sich fortbewegen. Und Hände, die dazu geschaffen sind, zu geben und zu empfangen.

Da es der Natur von Herrn Denker entspricht, beschäftigt zu sein, wird er vorbehaltlos weitere Aufträge annehmen, bis er irgendwann überbeschäftigt ist, was sein Körper-und-Geist-System in eine deutliche Schieflage führt, schädliche Bakterien und Viren einlädt, symptomatisiert und er letztlich kollabiert. Ignorieren Menschen Liebe und Lebenswille und reduzieren beide auf ein Mindestmaß existenzieller Notwendigkeit, bezeichnen Mediziner dies als depressives Verhalten. Halten oder Haltung wird verlassen. Isolieren und missbrauchen Menschen ihren Lebenswillen, wird dieser Zustand mit Burn-out etikettiert.

In beiden Fällen ist Erfolg das, was folgt! Ein unmissverständliches sichtbares Ergebnis unsichtbarer Bewegungen. Dieses Ergebnis ist weder zufällig noch ein Einzelfall, sondern das individuelle Abbild finanz-, wirtschafts- und sozialpolitischer Konzepte. Im individuellen Anpassungsmodus spiegelt sich der kulturelle und politisch regionale, nationale, europäische und globale Anpassungsmodus wider, den jedes Glied dieser langen Kette auf seine Art symptomatisiert. Der Frage, wer in dieser Verkettung das erste und das letzte Glied ist, wer in erster Instanz die Fäden zieht und die monetären Ergebnisse zur Bestätigung niederer Triebe und Erhaltung von Macht auf der Habenseite verbucht, möge jede Leserin und jeder Leser selbst nachgehen.

Im Kontext dieses Buches liegt es näher, neben der Entwicklung von Achtsamkeit und Bewusstsein die Unterscheidungsfähigkeit zu schulen, das heißt, in der Betrachtung und Wahrnehmung des individuellen Eisbergbauches zwischen eigenen und übernommenen Designs und Codes zu differenzieren. Wenn Sie lernen, hinzuschauen und zu fühlen, welche Informationen und Programme in Ihrem individuellen Eisbergbauch zu welchen unsichtbaren Bewegungen führen, werden Sie die übernommenen Designs und Codes von den eigenen unterscheiden.

Diese Bestandsaufnahme kann schockieren, weil sie das Ausmaß des übernommenen Anteils sichtbar macht. Gleichzeitig offenbart sie die großartige Chance, die an Anpassungsinformationen und -programme gebundene Lebenskraft zu entbinden und zur Gestaltung neuer Formen zu verwenden, wie es im Kapitel »Kleine Schöpfungsgeschichte« versinnbildlicht ist. Die Macht des Einzelnen liegt in dieser Chance, in diesem Potenzial verborgen.

Wenn Sie sich heute diese Macht bewusst machen und sie ergreifen, dann übernehmen Sie Ihren Anteil Verantwortung für sich selbst und für das Ganze. Denn solange das Individuum hindernden äußeren Bedingungen gestattet, sich im Inneren als unwiderrufliche Realitäten einzunisten und dort selbstverhindernde Programme zu installieren, hat es die daraus resultierenden Konsequenzen zu tragen. Das Ergebnis oder der Erfolg sind Mangel, Leid und Scham. In einer derartig verantwortungslosen Haltung ist die individuelle Beteiligung an der eklatanten Schieflage der Machtverhältnisse auf unserem Planeten verankert. Darum tun Menschen das, was sie wollen, in unmittelbarer Verbindung mit dem, was sein will, was der individuellen Wahrheit und dem individuellen Wohlergehen entspricht, eher selten. Darum verhindern sie eine authentische Lebensführung, weil sie selbstverhindernden Informationen und Programmen die Macht geben und weil sie tun, was diese wollen.

Dieser Standpunkt möchte bewusst machen und zu mehr wahrhaftigem Selbstbezug ermutigen. Es liegt ihm fern, Urteile zu fällen, Schuld zuzuweisen oder den Anspruch auf Allgemeingültigkeit zu erheben. Er spricht insbesondere Menschen in unserem Kulturkreis an, die Zugang zu allgemeinen öffentlichen Informationen haben, Menschen, deren Lebensbedingungen Reflexionsbewusstsein gestatten, die die Möglichkeit besitzen, selbst zu denken, zu fühlen und zu entscheiden. Denn es gibt extrem leidvolle, menschenunwürdige Bedingungen auf dieser Erde, in denen es geistig und physisch ums nackte Überleben geht, wo Krieg, Folter und Todesangst qualvolle Erfahrungen von Leben sind. Auch dies sind Fakten und Ergebnisse.

Wehret den Anfängen! Principiis obsta. Der Nachhall dieses Satzes klingt seit Wochen in mir nach. Eine Freundin zitierte ihn. Ich habe die Quelle dieses geflügelten Wortes, die *Remedia amoris* (Heilmittel gegen die Liebe) des römischen Dichters Ovid, nie gelesen. Doch seine mahnende Botschaft erinnert mich daran, dass sich ein Übel verstärkt, wenn nicht bereits im Falle seines Aufkeimens adäquat gehandelt wird. Haben wir erst einmal die Saat einer hindernden Bedingung im individuellen geistigen Boden aufgenommen, kann sie sprießen und sich schnell vermehren. Nutzen wir das Vermehrungsprinzip doch positiv! Denken wir verantwortungsbewusst – einen fördernden Gedanken –, damit er keimt, wächst und schnell zur fördernden Gedanken-Gesellschaft wird. Wir haben die Macht, nachzudenken, vorzudenken und zu denken, was wir wollen, oder – und das betrifft die hohe Kunst des Denkens – gar nicht zu denken.

Tun wir allerdings nicht, was wir wollen, handeln wir trotzdem. Wir unterlassen. Wenn wir unterlassen, fördern wir das Wachstum von Verhinderung, schauen ihm zu und stimmen irgendwann mit ein in den Gesang der Klagenden.

Sie und ich, wir können jetzt eine Entscheidung treffen für einen einzigen selbst gedachten Gedanken und eine einzige selbst getane Tat! Und dächten und täten wir dies nur einmal, wir wüssten, wie heilsam es ist. Wir wüssten, was wir vermögen!

Rückzug

Mein Wille ist es, in Übereinstimmung mit dem, was sein will, die Einleitung in dieses Kapitel auf den vorhergehenden Seiten für sich selbst stehen zu lassen und damit ihren Raum zu würdigen.

Mein Wunsch ist es, ihr im Idealfall sogar leere Seiten folgen zu lassen, auf dass sich ihre Schwingung ausdehnen kann und Sie, liebe Leserinnen und Leser, diese Seiten mit Ihrem Ureigenen wahrhaftig füllen können.

Deshalb fasse ich erst in den nächsten Zeilen die wesentlichen Schritte zusammen, die Sie jedes Mal gehen, wenn Sie tun, was Sie wollen.

Kette der Erneuerung

1. Sobald eine neue Information A angewandt wird,
2. können neue Erfahrungen gebildet werden,
3. die zu neuen Erkenntnissen und Einsichten führen.
4. Daraus resultieren neue Sichtweisen und Ansichten,
5. die neue Entscheidungen nach sich ziehen.
6. Ein anderer Standpunkt kann gewonnen werden,
7. der neue Perspektiven eröffnet.
8. In dieser Abfolge und mithilfe von Achtsamkeit
9. entstehen neue Informationen B,
10. die wiederum zur nächsten Spiralbewegung einladen.

Zehn Glieder einer Kette. Ein jedes verlangt nach achtsamer Handhabung und verweist auf Subtilität. Jeder Schritt erfordert eine Entscheidung und trägt in sich die Möglichkeit der Abwendung von Erneuerung oder eines »Ja, ich will!«. Wer seine Sache ernst nimmt, sensibilisiert sich für die Kleinteiligkeit einer Willensbekundung, die selbst innerhalb weniger Minuten steter Erneuerung bedarf. Wille will geschöpft sein, frisch und neu. Jetzt. Und wieder jetzt.

Menschen glauben, sie könnten Willen »halten«. Sie täuschen sich in der Annahme, Wille ließe sich einmal bekunden und stünde dann für alle Zeiten fest. Sie geben Herrn Denker den Auftrag, ihre Entscheidung zu bestätigen, damit sie beständig bleibt. Und Herr Denker gibt wie immer sein Bestes. Doch in diesem Fall reicht es nicht. Weil es nicht die Angelegenheit von Herrn Denker ist, Willen zu bekunden. Bitte erinnern Sie sich an Herrn Eigenwille. Er hat seinen Sitz einige Etagen tiefer und gehört zum Team der Erfolgsboten. Er und das Team pflegen eine erfolgreiche Kollaboration mit der Herzetage und letztlich auch mit Herrn Denker. Wollen Sie also authentisch tun, was Sie wirklich wollen, brauchen Sie dazu Entschlossenheit.

Spirale der Entschlossenheit

Entschlossenheit ist mehr als bloßer Wille. Sie ist größer, weiter, tiefer. Erfassen Sie sie ganz, sind Sie bestens ausgestattet für konsequentes Handeln. Wie bereits angedeutet, reicht es nicht, sich über Entschlossenheit Gedanken zu machen. Sie will emotional begriffen und aufgenommen werden, damit sie sich entfalten kann.

Sie sind bereits bekannt damit, sich über assoziatives Schreiben an sich selbst anzunähern. Bisher haben wir diese Methode im zeitlichen Kontext angewandt. Für die Annäherung an Entschlossenheit möchte ich Ihnen nun KaWa vorstellen. KaWa steht für »Kreativ – Analograffiti – Wort – Assoziativ« und entstammt ebenfalls der Werkstatt von Vera F. Birkenbihl. Dabei assoziieren Sie zum

Begriff Entschlossenheit respektive zu dessen Buchstaben. Schreiben Sie das Wort in die Mitte eines Blattes und notieren Sie ganz frei die dazu passenden Einfälle. Anschließend schauen Sie sich gern mein Beispiel an. Entdecken Sie Gemeinsamkeiten, wäre das eine Ausnahme. Denn jedes Ergebnis ist der spontane Ausdruck der jeweiligen Person und schwingt in seiner nuancierten Gesamtheit als individuelle Sichtweise mit.

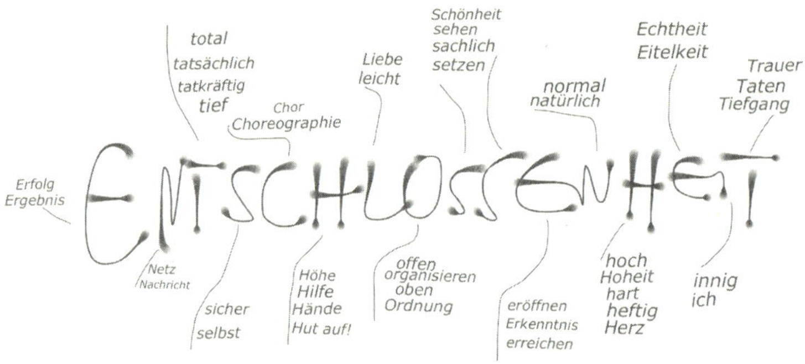

Im Verlauf eines Coachings und der Gründung einer Selbstständigkeit stellt Entschlossenheit eine tragende Einheit dar, die auf vier Elementen fußt. Dies sind Wille, Absicht, Vertrauen und Mut. Jedes Element steht für sich und in Beziehung zu den anderen. Zum Zwecke der Selbstanalyse und Standortbestimmung können Sie mithilfe der grafischen Darstellung schnell erkennen, in welcher Wechselwirkung die Elemente in einer konkreten Situation zueinander stehen und wie es um ihre jeweilige Stabilität bestellt ist. Sprechen Sie die Aussagesätze aus, fühlen und erfahren Sie ihren aktuellen Wahrheitsgehalt und die Beschaffenheit ihrer Position.

Das Feuer entfachen

»Ich kann und ich will.«

Spüren Sie es? Dieses Kapitel befeuert mich und ich befeuere Sie. Ich appelliere nicht nur an Ihre Klarheit und Konsequenz, sondern auch an meine. Wie weit will ich gehen? Was möchte ich Ihnen zumuten? Auch das ist eine Frage von »Was will sein?«! Meine Antwort ist klar. Ich will. Und ich will aus tiefstem Herzen und ich schreibe, was ich heute zu schreiben vermag.

In kostspieligen Verkaufstrainings heißt es: »Sie können das! Sie können den Umsatz verdoppeln, verzehnfachen, verhundertfachen. Sie können Millionär werden in einem Jahr!« An den weltbesten Verkaufstrainer Brian Tracy zahlen Sie für ein Jahrestraining 60 000 Dollar. Sofern Sie Ihr Ziel nicht erreichen, bekommen Sie das Geld zurück. Ich bin sicher, die Rechnung geht auf. Wie kommt es zu solchen Diskrepanzen in der Arbeitswelt? Weil Menschen mit außergewöhnlich hohem Einkommen, die weniger arbeiten und mehr Zeit mit ihrer Familie verbringen, intelligenter sind? Weil sie wissen, wie es geht? Weil sie grundsätzlich anders denken als überlastete Vielarbeiter? Kann es sein, dass diese Betrachtung neidvolle und ablehnende Gedanken und Emotionen aufkeimen lässt, die wohlhabenden Menschen gern unseriöse Methoden unterstellt? Achtung! Sollten Sie derartige Regungen verspüren, verlassen Sie bitte schnellstmöglich den Anpassungsmodus. Sie stehen gerade an der Schwelle zur Abwärtsspirale. Bitte wechseln Sie in die Zentralisierung. Wie? Stellen Sie folgende Frage: Was ist mein Hauptmotiv, um glücklich zu sein? Schreiben Sie Ihr Motiv auf. Wenden Sie sich Ihrem Motiv zu! Damit bringen Sie etwas in Bewegung, setzen Gedanken und Emotionen frei, mobilisieren Willenskraft und entfachen Ihr Feuer.

Wir können uns glücklich schätzen, wenn wir ein Motiv spüren und wenn wir wissen, was sein will. Wenn wir unsere Talente einsetzen, wenn wir das Beste aus uns machen und das Beste geben, wenn wir lernen und unsere Fähigkeiten weiterentwickeln. Das ist kein Leistungszwang. Das ist entschlossener Gestaltungswille. Das ist die höchste Form von Selbstverwirklichung, solange sie von Liebe getragen ist. Selbsterfüllung durch Geben. Warum bin ich hier? Wenn wir das wissen, wissen wir, was wir zu tun haben. Dann wissen wir auch, wer wir sind. Dann wird Dasein zum Hiersein!

Lassen Sie das Straucheln. Hören Sie auf damit, sich zu vergleichen. Schauen Sie auf sich selbst und das, was schon da ist, was Sie zur Verfügung haben. Schöpfen Sie aus dem Vollen und entfalten Sie sich! Der gesamte Inhalt dieses Buches ist geschrieben, um Ihnen zu dienen. Letztlich ist es ganz einfach und das Natürlichste dieser Welt, dass Sie sich auf sich selbst beziehen und alles, was Sie ausmacht, weiterentwickeln und sich und der Welt zur Verfügung stellen. Manchmal erscheint es so simpel, dass wir es kaum glauben wollen. Doch es ist wahr. Das Leben ist einfach. Wir verkomplizieren es, wenn wir uns von uns und ihm entfernen.

Wenn es so einfach ist, heißt das jedoch noch nicht, dass es leicht ist. »Es lädt ein« wäre zu wenig gesagt, zu seicht, zu unkonkret. Das Leben und wir selbst fordern uns heraus. Sobald wir konkret werden, spüren wir, wie Verbindlichkeit und Konsequenz den Raum betreten. Beide sind unerwünscht. Wir winden uns. Weil es unbequem wird. Weil es anstrengen kann. Nicht das, was sein will, und das, was zu tun ist, strengt an, sondern die Überwindung. Die Überwindung vom Sich-Winden zur Umsetzung. Ist das nicht verrückt?! Können Gewohnheiten so tief sitzen? Ja, sie können. Und zwar so lange, bis wir das ändern. Sie können so tief sitzen. Das lässt sich analysieren. Doch was fangen wir an mit dieser Feststellung?

Jede Analyse macht nur dann Sinn, wenn wir aus Feststellungen neue Handlungsempfehlungen ableiten, Maßnahmen entwickeln und dann umsetzen. Wie neue Informationen sinnvoll behandelt werden können, steht in der Kette der Erneuerung geschrieben! Wie oft habe ich den folgenden Satz gehört: »Ja, aber es ist schwer!« Menschen stöhnen allein bei der Vorstellung auf, dass sie die Dinge anders handhaben könnten als bisher. Es ist verrückt, so zu denken. Und genau diese Verrücktheit verweist auf das tiefe Einverständnis mit Gewohnheit, die auf dem Boden von Anpassung wächst. Aus dieser Perspektive halten wir die Illusion aufrecht, dass es leichter ist, Gewohntes und das damit verbundene Leid fortzusetzen, als etwas Neues zu wagen. So betrachtet sind wir eine große Gemeinschaft von Verrückten, die davon überzeugt sind, es sei leichter, sich selbst zu verleugnen und zu betrügen, als sich selbst zu bejahen und zu erfüllen. Die Fragen sind immer dieselben! Was will sein? Was habe ich zu geben? Der größte und gleichzeitig makaberste Witz ist der, dass Sie es wissen! In diesem Moment sagen Sie: »Hand aufs Herz, die Wahrheit ist ...!« Sie sehen, wir kommen auf der großen Linie der Spiralbewegung immer wieder auf diesen Punkt zurück. Das ist die Kernfrage des Lebens und die Kernfrage, die ich mit diesem Buch anstoßen möchte. Sie und ich sind jeden Tag mit dieser Frage konfrontiert. Erinnern Sie sich an folgende Aussage? »Die Frage kann nur stellen, wer die Antwort kennt!«

Die Qualität des Willens ist das Feuer. Bitte machen Sie sich die Freude und notieren Sie in den nächsten 60 Sekunden Ihre Assoziationen zu diesem Satz, wie Sie es schon kennen. Die Qualität des Willens ist das Feuer.

Nun ist die Willenskraft in jedem Menschen unterschiedlich ausgeprägt. Betrachten wir zum Beispiel die antike Vier-Elemente-Lehre, ist das Element Feuer mehr oder weniger stark in der Konstitution einer Person angelegt. Nach europäischem Verständnis werden Menschentypen bis heute nach ihren Temperamenten kategorisiert. Die Online-Enzyklopädie Wikipedia bietet zum einfachen Verständnis der Temperamentenlehre das Gleichnis vom Stein (http://de.wikipedia.org/wiki/Temperamentenlehre). Ich zitiere es hier, weil das Szenario sehr schön die Ausdrucksformen von Willenskraft veranschaulicht.

»Man stelle sich vor, ein großer Stein versperre einem Menschen seinen Weg.

Der Sanguiniker wird heiter in seiner unbetrübten Art über den Stein hinweghüpfen oder -klettern.

Der Phlegmatiker geht Konflikten mit unnötig großem Aufwand aus dem Weg, er wird einen großen Bogen um den Stein herum machen.

Der Melancholiker wird beim Anblick des Steins seine Reise infrage stellen und sich traurig auf den Stein setzen, um nachzudenken und sein Vorhaben zu reflektieren.

Der Choleriker wird des unerwarteten Hindernisses wegen in Rage geraten und womöglich versuchen, den Stein mit einem Kraftakt aus dem Weg zu räumen.«

Greifen wir den Stein als Symbol auf für alle hindernden unsichtbaren Bewegungen. Dem gegenüber steht das, was sein will, im Verbund mit Ihrem Willen. Sie werden Ihren Willen auf einzigartige Weise aktivieren.

Mit der Aktivierung Ihrer Willenskraft entzünden Sie das Feuer. Färbung, Hitzegrad, Intensität, aber auch Tempo und Art und Weise des Feuers sind individuell. Je nachdem, welches Temperament Ihnen am nächsten ist, haben Sie es mit ganz verschiedenen Feuerqualitäten zu tun. Bitte respektieren Sie das! Es ist wichtig, dass Sie Ihre Feuerqualität wahrnehmen und sich darauf einlassen.

Stellen Sie sich vor, Sie sind mit zwei weiteren Personen am Strand und jede von ihnen ist entschlossen, ihr eigenes Feuer zu machen.

Der Kiefernwald hinter den Dünen hält eine Fülle von Ästen, Zweigen und trockenen Bruchstücken bereit. Sie sammeln, was Sie für gut befinden, karren das Holz an den Strand, graben eine kleine Vertiefung in den Sand und bauen ein stabiles Grundgerüst für Ihr Feuer. Mit mehreren langen Streichhölzern entzünden Sie die kleinen Zweige in der Mitte und legen so lange nach, bis die größeren Teile die Hitze aufgenommen haben. Dann greifen Sie zufrieden in den Korb voller Tannenzapfen, stabilisieren damit die erste Glut und füttern die züngelnden Flammen. Als alle drei Feuer brennen, möchten Sie gemeinsam betrachten, was Sie geschaffen haben. Was werden Sie sehen? Jede Feuerstelle hat ihre eigene Form und jedes Feuer brennt auf seine Weise. Und Sie wissen genau, welches Ihres ist, aus der Ferne und aus der Nähe.

Werden Sie das Feuer hüten? Werden Sie es schüren? Oder es zum großen Flammenwerfer aufpeitschen? Was immer Sie wählen, ein Feuer brennt nur dann, wenn es Zuwendung erfährt und versorgt wird. Sein Licht, seine Farbe und seine Bewegungen hängen davon ab, welches Material Sie verwenden. Und die Art und Weise, wie es brennt, ist die Antwort auf Ihren Umgang mit ihm. Worauf möchten Sie sich einlassen? Auf eine gemächlich glühende, auf eine nährende, Wärme spendende oder auf eine verzehrende Feuerqualität? Möchten Sie in die Schönheit einer reinen Flamme schauen oder sich in der steigenden Hitze wilder Flammen die Haut versengen? Mit dem Feuer spielt man nicht! So heißt es. Doch es fasziniert so manches Kind derart, dass es sich die Finger verbrennt. Spielen Erwachsene mit dem Feuer, kann das existenzielle Folgen haben.

Künstlersicht

Albert ist Künstler. Im Coaching führen wir Grundsatzdiskussionen über die Feuerkraft und den Schöpfungswillen. Albert hat Probleme und Konflikte dazu befohlen, ihm als Zündholz zu dienen. Er holt sie zum Vorschein, wo immer sie sich verbergen, reibt sie aneinander wie Schwefel an Schwefelkopf. Brennt das Feuer auf, wird er lebendig. Er schürt es mit weiterem Stoff, malt erste Skizzen, rahmt diese in Wortnotizen, greift nach jedem Faden, den andere für ihn spinnen, in nicht enden wollenden Gesprächen. Je näher er dem Abgrund seines Themas kommt, desto mehr reißt er sich und andere mit. Feuer bindet. Begeisterung lodert. Flammen schlagen wie Tuch. Laut. Eindringlich. Dann zeigt sich zum ersten Mal die Form, das Bild, während Funken überspringen und winzige Löcher in die Haut brennen. Albert legt nach. Steht ganz und gar parat für einen Pinselstrich. Und noch einen. Konturen verwischen und dann schärfen. Eine harte Linie in Grau neben das Rot stellen, ohne ihm zu nah zu kommen. Morgenlicht wirft sich in diesen Spalt. Mit Kaffee das Feuer nähren, weil Lebenskraft weicht. Weitermachen. Jenseits von Zeit und Raum. Brennen. Lichterloh. Sich verbrennen. Höchste Lust bis an die Grenze von Verfügbarkeit. Ein letzter Strich noch über das Weiß. Dieses Mal mit schwarzer Kohle. Die schweren Lider im fahlen Gesicht, nur noch einen Schritt gehen. Bis zum Bett. Totenschlaf schmecken. Fallen. Von einem Höhenflug?

Noch lobt Albert Körper und Geist für deren Exzessresistenz. Als wir im Workshop den Punkt Gesundheit reflektieren, ändert sich das. Albert bleibt standhaft. Er blickt der Schieflage seiner Energiebilanz ins ungeschminkte Antlitz. Denn das dargestellte Muster ist ein Dauerbrenner. Ganzjährig. Feuern heißt für Albert ausbrennen. Sobald er sich regeneriert, legt er wieder nach, sucht das nächste Thema. Er hat nie gelernt, sich am Willen, am Feuer zu wärmen und zu nähren, aufzublühen und zu leuchten. Das ist jetzt erklärtes Ziel. Wille, Feuer und Wärme sind Qualitäten von Fülle. Wer sie verschleudert, brennt aus und verarmt.

Mit der Zeit findet Albert Gefallen daran, Schritt für Schritt Hüter des Feuers zu werden und schnell von altvertrauten Abwegen zurückzukehren in die warme Stube. Wir staunen, dass er sich wenige Monate später für das Feintuning für Selbstständige begeistert. Das sind Planung, Fokussierung und Schritt-für-Schritt-Tempo. Albert hat erfasst, dass stets folgt, was er vorgibt.

Burn-out-Programme wie das von Albert ziehen heute durch alle Bildungs- und Gesellschaftsschichten. Sie sind gefährlich, weil sie unmittelbar und kontinuierlich Menschen ausbrennen, individuelle Lebenskraft als Brennstoff für Systeme aller Art rauben oder – wie im Fall von Albert – in einem tief verankerten Anpassungs-Modus begründet sind, die im Gewand von scheinbar freiwilliger Schaffenskraft daherkommen. Sollten Sie davon betroffen sein, ist professionelle Hilfe notwendig. Wer sich einmal in diese Verbrennungsfalle begeben hat, muss sich auf eine mehrmonatige Regenerationsphase einstellen, in der er viel Ruhe und Kraft zurückgewinnen, anschließend neue Haltungen und Verhaltensweisen erlernen und sich mit ihnen allmählich in einem gesunden Zentralisierungs-Modus neu orientieren wird. Dies ist kein leichter Prozess, auch wenn die dahinterliegende Wahrheit eine einfache ist. Wer sich einmal so verbrannt hat, spielt nicht mehr mit dem Feuer. Er beginnt ein neues Leben.

Merksätze: Der Wille als Feuerstelle der Leidenschaft

Ziel ist der Wille als Bekenntnis zur Wahrheit.
Der Wille ist das erste Element von Entschlossenheit.
Die Qualität des Willens ist das Feuer.
Damit Feuer brennen kann, benötigt es Zuwendung und Versorgung.
Fehlt eines oder beides, erlischt es.
Wird es zu stark geschürt, verzehrt es sich.
In der Mitte von Wärmen und Sich-Verzehren liegt die leidenschaftliche Form des Feuers.
Leidenschaftliches Feuer balancieren Sie mit dem Herzen aus.
Wer die reine Flamme sucht, wird sie finden.
Wer entschlossen auf die Reinform des Feuers blickt, kann schwaches oder sich verzehrendes Feuer veredeln.
Veredelung erzeugt einen klaren Geist und eindeutige Taten.

Den Pakt schließen

»Das bin ich.
Das kann ich geben.«

In dem Moment, wo Sie die Willenskraft bewusst in den Dienst des Herzens stellen, bekennen Sie sich mit einem »Ja, ich will!«. Sie bekräftigen, Sie verbinden sich. Jede Eheschließung wird mit diesem Bekenntnis besiegelt. »Ja, ich will. In guten wie in schlechten Zeiten!« Dies ist die Eröffnung einer Ehe und gleichzeitig ihr Ziel. »In guten wie in schlechten Zeiten« verweist auf den Faktor Zeit. Eine Ehe steht für Beständigkeit. Jenseits von Auszeiten. Sind Sie verheiratet, sind Sie es in jedem Lebensbereich und zu jeder Zeit, egal, wo Sie sich aufhalten, mit wem Sie in Kontakt stehen, was Sie tun. Immer. Es sei denn, Sie nehmen sich heraus, verfolgen eine neue Absicht und verlassen den frei gewählten Status einer Ehefrau oder eines Ehemannes, zunächst innerlich, dann äußerlich.

Bekennen Sie sich in Ihrer Selbstständigkeit mit einem »Ja, ich will!« zu dem, was sein will, schließen Sie einen Pakt mit sich selbst. Sie entfachen das Feuer der Leidenschaft für Ihre Wahrheit, die Sie ab jetzt sichtbar und als gegenwärtige Tatsache auch zukünftig fortsetzen und entfalten wollen. Sie machen sich auf den Weg. Sie setzen sich und etwas in Bewegung. Das ist Absicht. Sie spannen den Bogen. Wie Amor. Legen den Pfeil an, verschmelzen alles Wissen, alle Kraft, Motiv und Vision zu einer einzigen Zielgeraden. Körper und Geist, Idee und Erfüllung vereinen sich für diesen Moment in höchster Präsenz. Sie denken nicht. Sie sind. Dann lassen Sie los.

Absichtsvolles Handeln setzt dieses Verschmelzen voraus. Sie identifizieren sich mit dem Motiv, dem Ziel, Ihrer Fähigkeit, das Ziel erreichen zu können, und der Tat als solcher. Sie können sagen: »Das bin ich. Weil ich das bin, kann ich es geben. Ich kann nur geben, was ich bin.« In dieser Verfassung haben Sie Raum und Zeit überwunden. Oder integriert? Nur wenn Sie loslassen, kann der Pfeil fliegen. Fliegt er, zeichnet er eine Linie in den Himmel zwischen Ihrem Standpunkt, seinem Ausgangspunkt und dem Standort Ihres Ziels. Niemals käme ein Pfeil während des Fluges auf die Idee, die Flugbahn zu verlassen, die Richtung zu ändern oder zurückzukehren an den Startplatz.

Sogenannte Miss-Erfolge können nur erfolgen, wenn die beschriebene Einheit miss-achtet oder an einer oder mehreren Stellen verlassen wird. Wie der Pfeil sich durch Raum und Zeit bewegt, setzen Sie Ihren Weg durch Raum und Zeit fort, sobald Sie einer Absicht folgen. Sie folgen der Absicht, bis das Ziel erreicht ist. Missachten oder verlassen Sie die Einheit von Absicht und Folgen, geht dem eine gedachte und emotionalisierte Trennung voraus. In einer getrennten Verfassung sprechen Selbstständige davon, dass sie etwas halten wollen. Entscheidungen. Macht. Willen. Spannung. Entspannung. Ihr Wort. Isolierte Absicht will etwas haben oder machen. Aus der Einheit, die sie einst war, ist sie jetzt herausgefallen. Deshalb will sie künstlich aufrechterhalten, was sie nicht mehr ist. Absicht, die ist, ist. Das ist der Unterschied.

Wenn Kunst zur Absicht wird

Nicky ist bildende Künstlerin und seit mehr als 20 Jahren selbstständig tätig. Geld ist nicht der Rede wert, denn es reicht immer – für die Materialkosten. Nicky begrenzt ihre Absicht darauf, dass sie malt, Ausstellungen bestückt und mit ihrer Kunst Menschen bewegt. Ihre bisherige Wahrheit ist: »Ich bin Künstlerin. Ich male.« Doch seit einiger Zeit rütteln Nickys Vorboten kräftig an der Tür. Mit der Frage »Warum verkaufe ich meine Arbeiten nicht?« macht sie sich auf den Weg ins Coaching. Während sie Situation und Sorgen beschreibt, notiere ich alle Glaubenssätze, die ich höre. Die Programme in Nickis Eisbergbauch laufen auf Hochtouren und produzieren passgenaue Ergebnisse. Hervorragend! Doch leider hindernd. Nicky ist seit Jahren vertraut mit dem Ursache-Wirkungs-Prinzip und hat schon viel Gutes erreicht. Jetzt möchte sie mehr.

Fest steht, dass Nickis Wahrheit, Wille und Absicht übereinstimmen. Verkäufe existieren zwar als Möglichkeit und Wunsch. Doch daneben stehen Überzeugungen in überdimensionaler Größe, auf deren Stirn geschrieben steht: »Ich kann nicht verkaufen! Verkaufen ist schlecht.« (Sehe ich Sie, liebe Leserinnen und Leser, gerade nicken? Ahnen Sie, dass ich diese beiden Sätze schon oft hörte? Ich versichere Ihnen, diese Einstellung ist geschlechtsneutral und weit, weit verbreitet.) Der Widerspruch ist offensichtlich. Selbstständige wollen nicht verkaufen! Damit ist Nicky erfolgreich!

Wir decken die Zusammenhänge auf, visualisieren am Flipchart. Aha-Momente erleuchten Nickis Bewusstsein. Ein weiterer Verhinderer verlangt nach Zuwendung: Künstler und die Welt, der Markt, sind getrennt. Paralleluniversen. Ignoranz auf Gegenseitigkeit. Die Kunst, das Werk, fungiert als Bindeglied. Während wir für Klarheit sorgen, weist ein Freund Nicky auf eine Ausschreibung hin. Nicky und ihre Kollegin sind ein Team. Sie wollen sich zu zweit bewerben. Als Kuratorinnen für ein neunmonatiges Kunstprojekt. Neuland für beide. Und eine unmittelbare Herausforderung an der Schnittstelle Künstlerin und Markt. Wie findet Nicky einen Zugang zum Thema Wirtschaftlichkeit und Verhandlung? Bisher versetzt sich Nicky in vergleichbaren Situationen in Anpassung. »Erfüll die Erwartung der anderen!« So spricht die getrennte Welt.

Aus dieser Sicht beginnt jeder gedachte Satz mit »Ich muss!«. Und schon haben wir verloren. Wir wollen haben! Erinnern Sie sich an den aktionistischen Selbstständigen, der Aufträge haben will und mit defizitärer Ausstrahlung genau das Gegenteil erreicht?

Nicky gefällt die Aussicht, ihre reichen Erfahrungen in ein neues Tätigkeitsfeld einbringen zu können. Sie hat etwas zu geben. Wir erforschen Nickys grundsätzlichen künstlerischen Prozess. Wie entsteht ein Werk und was geschieht dabei? Dann wissen wir: Künstlerisches Schaffen ist Verbindung, Einklang zwischen Künstlerin, Werk und der Welt. Das ist die Lösung!

Wir wenden uns gemeinsam einem neuen Werk zu. Dem Kuratoren-Wirtschaftlichkeits-Verhandlungs-Raum. Mit Visualisierungen und Worten am Flipchart zeichnen wir erste Skizzen, tauchen ein in einen Schaffensakt, der offenbart, begeistert und beglückt.

Entschlossen setzt Nicky ihren Hut auf, als sie geht. Das Werk stellt sie der Kollegin vor, damit beide es vollenden. Eine Woche später erfahre ich, welche Wirkung die Performance hatte. Eine erfolgreiche! Was sonst! Wissen Sie was? Bei Nicky hat's gefunkt. Verhandlungs-ART ist die Kunst zu sein und zu geben, was sie ist!

Weil Absicht zeitlos ist

»Jede Handlung und jedes Ding kann Kunstwerk sein, wenn wir künstlerisch wirken. Der Effekt ist Freiheit.«

Absicht spannt den Bogen im Jetzt und empfängt das Echo des Augenblicks. Damit ist die Bahn gelegt zwischen Gegenwart und Zukunft. Absichten aus dem Jetzt schöpfen bedeutet Einheit schöpfen und sein. Dies ist die hohe Kunst, Idee/Vision, Ziel/Plan und Strategie/Bewegung aus der geistigen Vollkommenheit des Jetzt zu schöpfen, sie in die physische Gestalt von heute zu transportieren und in der Vollendung das Ziel im Morgen zu empfangen. Alle Zeiten vereinen sich in einem einzigen Augenblick. Akzeptieren Sie das, leben Sie das Jetzt in seiner Reinheit. Damit realisieren Sie in der Welt, auf dem Markt, in der Selbstständigkeit, im Beruf, in Ihren Beziehungen die physische Form einer geistigen Wirklichkeit.

Als wir Kind waren, war das einfach! Ein Kind ist die Erfüllung seines Wunsches, weil es sie bereits erlebt hat, bevor oder indem es den Wunsch äußert. Die geistige Erfüllung existiert vor der physischen. Erinnern Sie sich? Wir waren alle einmal Kind. Haben wir uns diese Kostbarkeit des Seins bewahrt? Wenn nicht, können wir sie heute neu entdecken. Deshalb werden wir nicht kindisch. Wir entdecken das Staunen und eine Welt voller Wunder, die in uns lebt und die wir in dieser Welt verwirklichen können. So werden Herzenswünsche wahr. Kleine und große!

Erinnern Sie sich an die kindliche Freude und Schaffenskraft, wenn Sie heute einer Entscheidung mit Willen und Absicht folgen. Empfangen Sie den Widerhall Ihrer geistigen Kreationen, spüren Sie sie mit allen Sinnen und dann laufen Sie los und sind, was Sie sein wollen! Es ist so einfach!

Sie können nur geben, was Sie sind. Das ist die Wahrheit. Das funktioniert jedoch nur, wenn Sie in Verbindung bleiben mit der Wahrheit Ihres Herzens. Dann gehen Sie eben jeden Morgen in die Herzetage, setzen sich auf den goldenen Stuhl und schreiben! Das hilft. Wirklich! Bis Sie irgendwann den Schleier des Vergessens heben und die Funken der Liebe Ihr Herz erwärmen. Dann nehmen Sie sie dankbar in Empfang und hüten sie als das Kostbarste, was Sie je in Händen hielten. Doch nicht ängstlich, sondern liebend, freilassend. Damit Funken zu einem nährenden Feuer der Liebe werden, bis dieses den Willen wach küsst und beide zum Pfeil einer edlen Absicht verschmelzen.

Was meinen Sie, stellt sich da noch die Frage nach Erfolg? Oder ist dieser so sicher wie das Amen in der Kirche?

Vertrauen

»Alles ist möglich
in diesem Kontext.
Wenn alles möglich ist,
kann ich auch alles sein.«

Vertrauen ist ein Zustand des Glücks. Vertrauen wir, sind wir Vertrauen. Wir haben uns in einen Zustand geführt, in dem wir etwas sind. Vertrauen sind. Vertrauen haben bedeutet hingegen Besitztum. Alles, was ich habe, ist vergänglich. Besitz kann verlustig gehen. Dann habe ich etwas nicht mehr. Gerate aus dem Zustand von Besitz in Besitzlosigkeit. Ein erfolgreiches Ergebnis. Ich führe es selbst herbei, weil ich im Vorfeld Besitzlosigkeit konstruierte. Mithilfe meiner Programme. Mit den überwiegend halb und unbewusst ablaufenden Programmen, Programmen, die sich meinem Bewusstsein entziehen. Nein, Programme entziehen sich nicht. Ich bin es, die sich entzieht, die sich abwendet, die erlaubt, dass sich vollzieht, was ich vorgebe. Irgendwann einmal entschlossen aussprach. Mein Unterbewusstsein weiter darin bestätigte durch Wiederholung hindernder Gedanken und Emotionen und so weiter und so weiter.

Bevor ich den Zustand von Vertrauen erreiche, heißt es, dass ich Vertrauen fassen kann. Fassen lässt sich als erfassen interpretieren. Dann nehmen wir den Zustand des Vertrauenkönnens in uns auf. Fassen kann auch als Vorstufe von Besitz gemeint sein. Ich fasse zu. Berühre mit meinen Händen, was ich zuvor nur sah. Vertrauen können setzt also eine Grundbereitschaft voraus, mich auf etwas einzulassen. So scheint es zumindest, dass ich mich auf etwas da draußen einlasse. Ist das wirklich wahr? Lasse ich mich auf etwas Externes ein, wenn ich mich zum Beispiel auf eine Selbstständigkeit einlasse? Die Selbstständigkeit ist ein juristisches, wirtschaftliches und existenzielles Format unserer beruflichen Möglichkeiten. Eher eine Abstraktion. Selbstständigkeit. Schauen Sie bitte an den Anfang Ihrer Notizen zurück. Was assoziierten Sie dort zum Thema Selbstständigkeit? Assoziationen geben uns Auskunft über Werte, Haltungen und Erwartungen. Ich frage noch einmal: Ist es wirklich wahr, dass wir uns auf etwas Externes einlassen, wenn wir Vertrauen fassen? Es ist üblich in unserem Sprachgebrauch, das so zu formulieren. Wir glauben, dass wir Zeit brauchen, den oder das Externe kennenzulernen. Mit der Zeit können wir Vertrauen fassen.

Aus meiner Sicht ist die Annahme, dass wir uns auf etwas Externes einlassen, eine Täuschung. Wenn wir Vertrauen fassen, dann ist es die eigene Haltung, die wir einnehmen, zum Beispiel gegenüber dem Format einer möglichen oder realisierten Selbstständigkeit. Wie wollen wir mit diesem Format umgehen? Selbst die Frage »Wie stehe ich dazu?« wäre nur halb wahr. Die andere Halbwahrheit ist: »Wie stehe ich zu mir?« Vielleicht ist das sogar die ganze Wahrheit. Wir sind es so sehr gewohnt, uns selbst und die Welt aus einem angepassten Modus heraus zu beurteilen, dass es zunächst befremdet, einmal anders hinzusehen. Ich möchte an dieser Stelle an einen der Leitsätze dieses Buches erinnern. »Selbstständigsein ist der natürliche Zustand des Menschen.« Gelingt es mir, diesen Zustand zu bewahren oder wieder zu sein, was ich immer war, bin ich dem Zustand des Vertrauens schon ganz nah. Beide Zustände drücken Qualitäten aus, die wir haben oder sein können. Solange wir sie haben, passen wir uns an. Sobald wir sie sind, sind wir.

Mit Bekenntnis und Absicht – »Ja, ich will, in guten wie in schlechten Zeiten!« – bekenne ich mich auch gegenüber einer anderen Person, doch zuallererst zu mir. Wenn ich das gewählte Format Ehe bin, bin ich es. Niemand anders kann es für mich sein. Meine Ehefrau oder mein Ehemann sind es ebenfalls. Auch das kann ich nicht für sie oder für ihn sein. In guten Zeiten ist es das Glück, das wir miteinander sind. In schlechten Zeiten das Leid. Erfreuen wir uns am Miteinander, sind wir Freude. Lieben wir einander, sind wir Liebe. Leiden wir »am anderen«, leiden wir an uns selbst. Weil wir »Besitz« verlieren könnten. Nicht ein anderer fügt uns etwas zu. Sondern wir fügen unserem bisherigen Vertrauenszustand einen Trennungsaspekt zu. Den Zweifel, die Sorge, die Angst. Wir wollen den idealen Zustand zurückhaben, obwohl wir ihn höchstpersönlich verlassen mit selbst gemachten Gedanken und Emotionen, vielleicht auch Taten. Wenn wir etwas haben wollen, haben wir unseren Vertrauenszustand bereits verlassen. Doch vor allem – uns selbst!

Noch einmal möchte ich betonen, dass das Selbst für sich selbst steht in seinem reinen Zustand, in seiner Wesentlichkeit. Darum ist Selbstbezug, Zentralisierung, um die es hier geht, weit, weit entfernt von egozentrischen Trennungsmanövern. Ich bin zu dem Ergebnis gelangt, dass es im Leben immer um dieses Selbst oder um uns selbst geht. Auch dann, wenn wir großartige Taten für andere oder eine große Sache vollbringen. Noch deutlicher wird es im Umgang mit unzähligen Subtilitäten unseres Alltags. Machen Sie sich das Vergnügen. Üben Sie sich für nur eine Stunde am Tag in Achtsamkeit und Bewusstseinsentwicklung. Achten Sie auf die kleinteiligen Entscheidungen jeweiliger Augenblicke. Ja, staunen Sie über sich selbst. Picken Sie sich aus der Fülle möglicher Themen ein einziges heraus, zum Beispiel das Vertrauen. Beobachten Sie sich und verwerten Sie die entdeckte Informationsfülle neu.

Ungeduld

Claudia lebt seit sechs Jahren in Berlin und führt eine körpertherapeutische Praxis in Kreuzberg. Im Coaching äußert sie den Wunsch, dass sie umziehen und mit ihrem Partner zusammenziehen möchte. Sie sehnt sich nach Ländlichkeit, Natur, Ruhe. Wir prüfen die Nachhaltigkeit dieses Bedürfnisses und die damit verbundenen Konsequenzen. Wie weit möchte sich Claudia hinauswagen in die Provinz? Welche Fahrzeiten in Kauf nehmen? Welche Miethöhe investieren? Als alle Bedingungen stehen, zeichnet sich das geistige Bild vom neuen Zuhause in den Raum. Claudia bekundet willensstark und absichtsvoll, was jetzt sein will. Was folgt, ist eine Geduldsprobe. Recherchen, Besichtigungen, Enttäuschungen. Nebenbei entwickeln Claudia und ihr Partner außerordentliche Teamqualitäten in Sachen Wohnungssuche. Sie können sich blind vertrauen, wenn mal nur einer von beiden vor Ort sein kann, weil sie demselben inneren Bild folgen. Da mit der Zeit das Bedürfnis nach Ruhe und die Ungeduld wachsen, erlaubt sich Claudia, Herrn Zweifel einzuladen. Sie verliert sich in Ungeduld und verstärkt ihren Willen. Jetzt will sie haben! Und prompt antwortet der Wohnungsmarkt konträr. Spannungsgeladen erscheint sie zum nächsten Termin. Wie lange noch suchen, warten, besichtigen? Sie pusht. Reibt sich auf. Ungeduld will Beschleunigung. Sie stellt sich gegen die Zeit und gegen das Jetzt.

Bedingung: Was setzt Vertrauen voraus?

Sie wissen, was Sie wollen.
Sie denken, fühlen und handeln absichtsvoll.
Sie sind offen und kreativ.
Sie ziehen mehrere Möglichkeiten in Betracht und sind flexibel.
Sie wissen, dass Sie auf dem richtigen Weg sind.
Sie sind überzeugt davon, dass in Ihrem Kontext alles möglich ist.
Sie identifizieren sich mit Ihrer Absicht.

Bedingung: Wodurch zeichnet sich Vertrauen aus?

Sie sind entspannt.
Sie empfinden Vorfreude.
Sie sind sich gewiss, dass es möglich ist.
Sie akzeptieren die Zeit.
Sie genießen den Augenblick.
Sie vertrauen.

Schließlich hat Claudia ihr Vertrauen wiedergefunden. Das wäre die übliche Formulierung. Bleiben wir dabei, dass Claudia wieder bei sich selbst gelandet ist. Zurückgekehrt aus einer gedanklichen und emotionalen Trennung. Sie ist wieder Vertrauen. Sofort antwortet der Markt mit einem neuen Angebot. Diesmal stimmt alles. Ein ruhiges Plätzchen in einer wunderschönen Villa mit Garten, passend zum Budget.

Fazit

Vertrauen sein statt Vertrauen haben!
Sich selbst vertrauen hat Priorität!
Es geht immer ums Selbst!

Vom Tellerrand springen oder die Vorstufen des Mutes

Sie schleichen sich eher an, als dass Sie gehen. Mit weichen Knien wagen Sie sich vor bis in die Nähe des symbolischen Tellerrandes Ihrer bisherigen Existenz, um sich gleich wieder fortzuschleichen, möglichst unbemerkt. Wie Herr Denker sind Sie in diesem Stadium heimlich verliebt in das Vertrauen. Wie er denken Sie eine oder mehrere Sekunden zu lang über das große Unbekannte nach, das Sie jenseits bisheriger Sicherheitszonen erwartet. Schnell flüchten Sie zurück ins Innere des Altvertrauten, rollen sich hier embryonal zusammen, umklammern die hochgezogenen Beine, schmiegen Ihre Wange an die Knie und träumen sich hinein in die illusionäre Geborgenheit vorgeburtlicher Gewässer. Doch jede Fruchtblase platzt dann, wenn Sie reif sind, sich auf den Weg zu machen in eine neue Welt. Dann drängt Ihre Natur nach Bewegung. Bitte beenden Sie Ihren Rückzug, bevor Sie auf dem Trocknen sitzen, ja notfalls geholt werden. Setzen Sie sich in Bewegung und nehmen Sie

Ihre weichen Knie mit. Mutig sein ist Geben. Ein Gebendes, das die drei Vorangegangenen, den Willen, die Absicht und das Vertrauen, in sich vereint.

Was ist Mut?

Mut überwindet die innere Hürde, den letzten Schritt einer aktiven Handlungsabfolge. Wir wagen etwas zum ersten Mal. Wir überschreiten die bisherige Begrenzung unseres Lebensraums. Im Mut bündeln wir die drei Vorangegangenen in einem einzigen Augenblick.

Erlebten wir uns soeben noch in weiter Ferne, wenn auch nur für diesen Augenblick, so kommen wir ihm jetzt bedrohlich nahe. Haben wir ihn jedoch gefunden, den Mut, überwinden wir die Angst. Wir gestatten uns, sie zu seinen Gunsten zu verlassen, uns auf ihn einzulassen und zu springen. Vom Tellerrand.

Mut brauchen wir so lange, bis wir schließlich geworden sind, was wir sind. An die Stelle des Muts tritt dann die Selbstverständlichkeit. Mut bemühen wir nur noch selten – dann, wenn außergewöhnlicher Bewegungsdrang uns überkommt, weil wir reif sind für Neuland.

Ökonomischer Umgang mit Mut

Ach ja, sollten Sie bis dahin die Anstrengung scheuen, die mit Überwindung einhergeht, stelle ich Ihnen einen Lohn in Aussicht, der mit Geld nicht zu bezahlen ist. Jede Selbstüberwindung führt zu Selbsterfüllung. So paradox dieser Satz klingen mag, für mich ist er wahr. Bitte finden Sie Ihre eigene Wahrheit heraus und berichten mir gern davon. Auf eine Überwindung und Erfüllung folgen weitere Überwindungen und Erfüllungen. Und mit der Zeit nimmt die Anstrengung proportional zur wachsenden Erfüllung ab. Wo zu Beginn 99 Punkten Anstrengung ein Punkt Erfüllung gegenüberstand, hat sich am Ende die Relation verkehrt. Und weil ich sie so liebe, zitiere ich hier wie Oscar Wilde die Weisheit eines indischen Sprichwortes: »Am Ende ist alles gut. Wenn es noch nicht gut ist, ist es noch nicht das Ende.«

Mit jedem Überwindungs- und Erfüllungsmoment realisieren Sie die Entscheidung, anders als bisher zu denken, zu fühlen und zu handeln. Und nur damit werden Sie andere Ergebnisse erreichen als bisher. Jeder neue Gedanke macht Ihnen große Freude. Das Geheimnis von Beglückung offenbart sich immer und immer wieder im Moment der Erfüllung. Denn ihm wohnt die Qualität von Geben inne. Wenn Sie geben, geben Sie sich. Wenn Sie geben, erfüllen Sie sich. Jedem winzigen Gedanken, jedem kleinen Gefühl, jeder unwesentlich erscheinenden Handlung wohnt Erfüllung inne. Denn jeder Augenblick zählt. Jeder Augenblick ist wesentlich, weil es darum geht, dass Sie der, die, das sind, der, die, das Sie sind. Ohne Wenn und Aber!

Wir wissen: Dieser Prozess ist subtil. Er verlangt nach Zuwendung, Achtsamkeit und Authentizität. Er verlangt nach Ihnen. Der Moment. Das Jetzt. Der Augenblick. Das ist Leben. Lebenszeit. Lebenskraft. Jetzt. Während ich diese Sätze schreibe, multipliziert sich meine Lebenskraft. Mir wird heiß. Ich brenne. Dieses Feuer ist ein Seismograf. Feuer bestätigt Wahrheit. Als Bewegung des Herzens, auch des physischen. Das ist Leben, liebe Leserinnen und liebe Leser. Leben und Liebe. Bedingungslos.

Mut finden

Als wir über ihre Herzenswünsche sprechen, schwärmt Esther in hohen Tönen von einem Ausnahmekurator. Sie entdeckt Eigenes als Antwort auf seine Provokation. Findet sich wieder im ästhetischen Extrem. Sein Profil, sein Buch trägt sie seit Tagen mit sich. Immer wieder lesen, mir wichtige Sätze vorlesen. Am Flipchart visualisieren wir ihre Kompetenzen, ebenso vermeintliche Anforderungen einer Assistenzstelle. Ich frage Esther, ob es wahr ist, dass sie sich bewerben will. Sie schweigt. Noch bewegt sie diese Frage. Erst Tage später findet sie den ersehnten Mut.

Mut haben

Wir besprechen die Inhalte und den Stil. Der Erstentwurf des Anschreibens spiegelt Esthers Zerstreuung wider. Sie redet drum herum, verliert sich. In einem zu privaten Ton. Via Video im Internet schauen wir genauer hin. Betrachten den verehrten Herrn, hören ihn, studieren seine Gesten. Die Zwischentöne seiner Worte kleiden ihn in Purpur, halten das Zepter hoch und rufen arrogant: »Dienet mir und meiner Kunst!« Das Gefolge folgt. Mit großem Abstand. Ob es Vergnügen ist, an diesem Hof zu dienen? Esther will es wagen. Trotz weicher Knie. Mut finden heißt sich selbst finden. Und Esther findet sich – in ihrer Mitte. Es ist schön, Kompetenz leuchten zu sehen.

Mutig sein

Die Bewerbungsmappe beim nächsten Termin. Im besten Layout. Klar, professionell, modern. Ich fordere Esther heraus. Wir trainieren ihren Umgang mit Herz, Bauch und Kopf, bis sie im Schlaf begründen kann, wer sie ist, was sie bietet und wie gut sie ins Team passt. Ein kleiner Kick ins Anschreiben, und alles ist perfekt.

Als Esther die Bewerbung zur Post bringt, ist sie frei. Schauen wir genau hin! Esther bewirbt sich über eine Initiativbewerbungsidee initiativ bei sich selbst – und wird angenommen. Ein enormer Prozess. Aus Zerstreuung wird Bündelung, aus Verkopfung Erdung. Nur wer Boden unter den Füßen spürt, kann sich aufrichten!

So organisieren Sie optimale Bedingungen

Damit Sie mutig sein, mutig springen und selbstverständlich voranschreiten können, setzen wir uns zunehmend mit dem pragmatischen Teil erfolgreicher selbstständiger Unternehmungen auseinander. Und doch bitte ich Sie, für die nächsten Schritte zunächst das eher abstrakt formulierte geistige Prinzip jedweder Realisierung und ihrer Beeinflussung zu beachten.

Die Theorie der Beeinflussung

- Stets ist es der Geist, der die Materie formt.
- Daher führen unsichtbare Bewegungen zu sichtbaren Ergebnissen und innere Haltungen zu äußeren Handlungen.

Gleichzeitig werden durch die Bewegungen Ihres Geistes, der seinen Schöpfungsprozess durch die Formgebung sichtbar macht, Kommunikations- und Inspirationsimpulse freigesetzt. Schöpfung ist Gestaltung. Und damit auch Kommunikation mit der Welt und in der Welt. So kann Ihr durch die eigene Bewegung und die Begegnung mit der Welt inspirierter Geist die Impulse und Reaktionen seiner Umgebung aufnehmen, weiterverarbeiten und in den nächsten Gestaltungsschritt einfließen lassen. Oder auch nicht.

Hier berühren wir einen hochinteressanten Punkt. Wir wissen bereits, dass es heißt: Alles beeinflusst alles! Daraus lässt sich schließen, dass schon die reine Anwesenheit einer Person oder ihre neutrale Beobachtung unmittelbaren Einfluss auf ihre Umgebung hat. An früherer Stelle steht, dass Sie allein mit Ihrer Aufmerksamkeit das Objekt Ihrer Beobachtung oder Zuwendung mit Energie versorgen. Daraus leitet sich die nächste Weisheit ab.

Was ich nähre, das wächst!

Auch Nähren geschieht zuerst durch Ihren Geist, dann durch die Tat. Wir haben es folglich mit Beeinflussungen auf Gegenseitigkeit zu tun, denen wir uns niemals entziehen können. Was uns bleibt, ist die freie Entscheidung darüber, welche Art Umgang wir mit diesen und jenen Einflüssen pflegen. Nehmen wir sie achtsam entgegen, ordnen sie umgehend fördernden und hindernden Kriterien zu, transformieren sie auf der Stelle oder gestatten wir ihnen, sich scheinbar unbemerkt in die Tiefen unseres Eisbergbauches zu säen? Es wäre ein Leichtes, könnten Sie hindernde Einflüsse kategorisch zurückweisen und so tun, als hätten sie Sie nicht oder nur peripher berührt. Zurückweisung bezieht sich auf das, was von außen kommt. Sie wollen etwas nicht. Trotz oder gerade wegen einer spezifischen Beeinflussung. Darum: Nähren Sie Zurückweisung, nähren Sie genau das, was Sie nicht wollen. Sie verbinden sich über Zurückweisung mit dem Abgelehnten. Sie verbinden sich mit dem Nein. Und schon befinden Sie sich mitten im Anpassungsmodus. Wenden Sie das Blatt!

Praktischer Umgang mit Beeinflussung

Hören Sie sich einmal um, wie Menschen in Ihrer Umgebung sprechen. Sie werden viel darüber erfahren, was diese nicht wollen, was sie ablehnen, wogegen sie sich wehren. Ist es nicht sonderbar, dass sie für das viele, was sie nicht mögen, so ausgiebig ihre Lebenskraft, Lebenszeit und Sprache verwenden? Ach bitte, wenn Sie Menschen mit dieser Gewohnheit in Ihrer Nähe haben, eröffnen Sie ihnen die Perspektive des Ja. Fragen Sie sie nach erfreulichen Ereignissen und guten Bedingungen. Und erzählen Sie ihnen von Ihrem kleinen und großen Glück. Hinterlassen Sie eine Spur von Zentralisierung. Und Sie werden sie damit berühren und selbst ein wenig mehr Dankbarkeit und Erfüllung mitnehmen. Sie sehen, Einflüsse gibt es überall. Wir können sie wahrnehmen. Und lenken, wenn wir achtsam sind.

Organisieren

Darum ist ein achtsamer Umgang mit uns selbst, unseren Handlungen und mit unserer Umgebung ein notwendiges Kriterium für die geschäftliche, berufliche und persönliche Organisation. Wer organisiert, bewerkstelligt etwas. Sie werden aktiv, nehmen etwas in die Hand. Wenn Sie Formen, in diesem Fall Strukturen, vorgeben, verfolgen Sie damit in der Regel ein Ziel und eine Richtung. Sie legen Abfolgen fest und berücksichtigen den Umgang mit Zeit. Sind Sie klug, beziehen Sie kleine Schwankungen mit ein, sogenannte Zeitpuffer, sodass Sie verzögerte Abläufe durch zeitliche und interaktive Einflüsse oder durch persönliche Befindlichkeiten berücksichtigen können. Es tut gut, organisiert zur Tat zu schreiten, die Umsetzung eigener Ideen aktiv zu gestalten, markante Punkte zu setzen und den Weg mit Leitplanken auszustatten, die Ihnen Schutz bieten, falls Sie einmal ins Schleudern geraten sollten, und Ihnen Orientierung geben. Organisiertes bietet Halt. Hat

Ihr Fortschreiten erst einmal Gestalt angenommen, können Sie Fortkommen messen, sich daran erfreuen und die Welt daran teilhaben lassen.

Organisieren legt planvolles Denken und zielführendes Handeln an. Eine durch und durch gesunde rechtsdrehende Bewegung, solange sie nicht zum geschlossenen Kreis wird. Aus Sicht dieses Buches bedeutet Lebenskunst und die Kunst der Unternehmensführung, sich auf den künstlerischen Akt einer Hochseilartistin einzulassen. Sie steht auf der Höhe über den Dächern der Stadt, tief unter ihr der nackte Asphalt, das Seil perfekt gespannt und gesichert, mit bester Balancierstange ausgestattet, das Ziel vor Augen und im Herzen tragend. Sie weiß, dass sie sich mit einem einzigen Gedanken an die Tiefe in den Absturz führen kann. Sie weiß ebenfalls, dass sie ihr Ziel erreichen wird, wenn sie, das Ziel und der Weg zu einem werden. Hat sie das Ziel auf der gegenüberliegenden Seite erreicht, ist Erfolg erfolgt. Mögen dann Innehalten, Würdigen und Applaus gegeben sein. Damit ein nur vermeintliches Ende, nächster Beginn und Fortführung des unendlichen Strahls der Spiralbewegung sein kann.

Optimale Bedingungen

So manche Selbstständigkeit fordert heraus, obwohl die Gründerin genau weiß, was sie will. Vielleicht will sie mit dem Kopf durch die Wand. Vielleicht will sie machen, weil sie haben will. Angetrieben vom verzehrenden Feuer der Gier. Oder sie fordert Bestätigung ein als Aufwertung eines schwachen Selbstwertgefühls. Welche Motive auch immer in einen Trennungsmodus führen, nehmen Sie sie zur Kenntnis, akzeptieren Sie sie. Schauen Sie, was sinnvoll und zielführend ist, was Sie wirklich brauchen und was Sie zur Verbesserung äußerer Bedingungen beitragen können. Sie brauchen stabile Bedingungen. Wie die Seiltänzerin.

Innere Bedingungen

Das Wichtigste ist, dass Sie Gewissheit haben von dem, was sein will, und entschlossen sind, dies zu sein und zu tun, was zu tun ist. Selbstverständlich besitzen Sie die erforderlichen Informationen und Kompetenzen. Sie machen sich gern auf diesen Weg und sind bereit, bestmöglich mit der Zeit zu kooperieren. Für den Fall, dass Sie Unterstützung brauchen und delegieren wollen, haben Sie vorgesorgt. Weil Sie risiko- und chancenbewusst sind, liegt bereits ein Alternativplan in der Schublade. Sie wissen, dass Sie einen langen Atem haben und Ihr Ziel erreichen werden.

Äußere Bedingungen

So manche Gründerin klagt über schlechte Honorarsätze. Gehen wir der Sache nach, stellt sich in den meisten Fällen heraus, dass die Gründerin sich entweder mit der Opferrolle angefreundet und sich schlechten Marktbedingungen untergeordnet hat oder ihre Leistungen freiwillig unter marktüblichen Preisen anbietet. Letzteres hängt mit der Fehleinschätzung zusammen, dass Einstiegspreise extrem niedrig sein müssen, damit erste Aufträge generiert werden können. Entwickeln sich Kunden auf diesem Honorarniveau zu Stammkunden, brauchen Sie später für Preisanhebungen gute Argumente. Übrigens ist die Anpassungsbereitschaft an äußere Bedingungen nicht nur ein Frauenthema. Erinnern Sie sich bitte an Punkt drei der Entschlossenheitsspirale: Vertrauen! Vertrauen Sie Ihrem Preisempfinden und bemessen Sie einen Verhandlungsspielraum. Tasten Sie vor einer Verhandlung die Unter- und Obergrenze Ihrer Flexibilitätsbereitschaft ab. Nur wer gut vorbereitet in einen Termin geht, kann seinem Gegenüber auf Augenhöhe begegnen. Sie werden staunen, was möglich ist!

In jedem Fall siedeln sich äußere Bedingungen an der Schnittstelle zwischen Ihnen und Ihren Angeboten und dem Markt mit seiner Nachfrage an. Das heißt, Sie sollten sich über allgemein übliche Marktkonditionen informieren, Ihren eigenen Spielraum kennen und dann den gefühlt richtigen Preis beim Namen nennen.

Kommunikation mit dem Markt und Ihren potenziellen Kunden setzt außerdem voraus, dass Sie sich sicher sind, was Sie Ihren Kunden geben möchten. Hierzu gehören neben Ihrem Angebotsprofil folgende Aspekte:

- Kundennutzen,
- Alleinstellungsmerkmale,
- Extras,
- zuverlässige Nachhaltigkeit,
- Preis-
- und Qualitätsniveau,
- Firmenphilosophie,
- Ihre Persönlichkeit,
- kurzum: das Image.

Ausgestattet mit einem Bewusstsein für Ihre Ziele und die Bedürfnisse Ihrer Kunden legen Sie mit der Gestaltung und Mitgestaltung äußerer Bedingungen das Flussbett an, durch das sich der Strom Ihrer Selbstständigkeit dynamisch und flexibel bewegen wird.

Solange Sie sich wohlfühlen und Ihre Kunden zufriedene Kunden sind, haben Sie gute Arbeit geleistet, den passenden Ton getroffen und fördernde Bedingungen eingerichtet. Pflegen Sie einen achtsamen Umgang mit den inneren und äußeren Bedingungen. Aktualisieren Sie sie, wo es sinnvoll ist, und erhalten Sie sich eine Lebendigkeit, die vor allem auf Beziehung zu Ihren Kunden aufbaut. Zeigen Sie Persönlichkeit.

Denn zuallererst ist es Ihre Persönlichkeit, die auf dem Grad gesunder Ausgeglichenheit zwischen links- und rechtsdrehenden Spiralbewegungen balanciert und erfolgreich voranschreiten will.

Dranbleiben ist alles!

Sie erinnern sich? Wenn wir Vertrauen fassen, sind wir auf einem guten Weg. Sind wir Vertrauen geworden, denken, handeln und leben wir selbstverständlich. Wir verstehen uns selbst. Ganz trifft diese Bezeichnung noch nicht den Zustand von Einklang oder Übereinstimmung mit sich selbst, weil dieser mehr ist als Verständnis. Wägen wir ein wenig Nomen wie Selbstbewusstsein, Selbstgewissheit, Selbstsicherheit ab und beugen und vereinen sie in einer Zustandsbeschreibung, können wir mit »selbstgewiss sein« ganz wunderbar die Verbindung von Bewusstsein und Sicherheit zum Ausdruck bringen, um die es hier geht.

Ich kann nicht oft genug betonen, dass die Basis, das Gewisssein dessen, wer ich bin und was sein will, in Verbindung mit Bekenntnis und Entschlossenheit die Voraussetzung dafür ist, jeden Gedanken, jede Emotion und jede Handlung aus dem Jetzt schöpfen zu können. Denn das Geheimnis des Jetzt ist die Zeitlosigkeit. Hier verschmelzen zwei Phänomene zu einem dritten. Dem sich seiner selbst gewiss Seienden und aus sich selbst Agierenden. Dem Selbstständigsein.

Verlassen wir die Abstraktionsebene und wenden uns dem Körperbewusstsein zu. Vitalisieren Sie sich ein wenig. Malen Sie aus dem Handgelenk linksdrehende Spiralen in die Luft. Danach zeichnen

Sie dieselbe Dynamik mit rechtsdrehenden Spiralen aufs Papier und bringen mit konkret definierten und praktikablen Maßnahmen Ihr Konzept und sich selbst auf den Punkt. Wenn Sie dies unberücksichtigt der oben beschriebenen geistigen Ebene und Kraftquelle tun, kann die Konzeptentwicklung eine sehr technische und leblose Angelegenheit sein. Dann wäre der Einwand, ein Konzept sei eine überflüssige Angelegenheit, fast begründet.

Businessplan

Für die meisten Gründerinnen und Gründer ist das Thema Businessplan ein leidliches. Sollte es Ihnen auch so gehen, frage ich Sie, welche Gewichtungen empfinden Sie dabei? Wie kann es sein, dass eine Person, die sich zur Selbstständigkeit bekennen möchte, es als leidvoll empfindet, ihr Vorhaben schriftlich zu konzipieren und finanziell zu berechnen? Sollte es doch Anliegen und große Freude sein! Wie der Einkaufszettel für den Monatseinkauf oder für ein großes Fest, wie anspruchsvolle Kochrezepte für ein Festmahl! Worin liegt der Unterschied? Ist die konzeptionelle Notwendigkeit eines Businessplans und einer Finanzplanung existenziell weniger bedeutsam als ein Einkaufszettel und ein Kochrezept? Wie in allem, liegt auch hier die Offenbarung im Tun. Selbst wenn ein Konzept unter Zeitdruck geschrieben wird, wie es leider meist der Fall ist, sind zukünftige Selbstständige danach geklärter und können besser präzisieren, was sie umsetzen möchten.

Da ich ein grundsätzlich positiv gestimmter Mensch bin, setze ich voraus, dass Sie Ihr Konzept geschrieben und bei Ihrer Bank oder einer Förderstelle eingereicht haben. Was geschieht anschließend damit? Legen Sie es ordnungsgemäß ab, gehen zum praktischen Teil über und erinnern sich erst in fünf Jahren wieder daran, weil Sie eine aktuelle Version für eine Nachfinanzierung benötigen?

Das wäre fast, als verschwänden der schönste Einkaufsplan und die besten Rezepte einfach wieder in der Schublade. Und das Fest feiern Sie einfach so. Wie, das wird sich schon fügen. Basta!

Mein Vorschlag: Nutzen Sie das Businesskonzept wie einen Fahrplan. Orientieren Sie sich an ihm wie an einem roten Faden. Verwenden Sie es als Arbeitspapier. Ergänzen und erweitern Sie es! Lassen Sie alles einfließen, was Ihnen durch den Kopf und durchs Herz geht. Denn jeder gedachte Gedanke und jedes geschriebene Wort ist bereits Teil der Realisierung Ihrer Idee. Noch leben wir mit Sprache und Worten. Ich wünsche mir, dass wir dafür wieder mehr Bewusstsein entwickeln und Worte und Sprache mit Leben füllen. Es täte uns gut, würden wir bewusst fühlen, was wir denken und sagen. Allein darin läge eine gesunde Korrektur!

Tool: Realisierungsprozess

»Sie nähren jeden Schritt mit Lebenskraft!
Nur was Sie nähren, kann wachsen.«

Die Abfolge der Realisierungsschritte auf der jeweiligen Ebene verdeutlicht das Wechselspiel von gesunden links- und rechtsdrehenden Spiralbewegungen. Hier biete ich Ihnen einen kleinen Selbsttest an, der gleichzeitig Wahrnehmungsschulung ist. Finden Sie heraus, welches Drehmoment Sie mit den einzelnen Schritten verfolgen, und markieren Sie entweder links oder rechts.

1. Spiralebene

Idee	li – re
Vision	li – re
Weitere Gedanken	li – re
Erste gesprochene Worte	li – re

Weitere Sprache	li – re
Erste geschriebene Worte	li – re
Anlegen eines Notiz- oder Ideenbuches	li – re
Sammeln von Informationen	li – re

2. Spiralebene

Planungsideen	li – re
Planungsvision	li – re
Weitere Gedanken zur Planung	li – re
Erste gesprochene Worte zur Planung	li – re
Weiterer sprachlicher Austausch zur Planung	li – re
Erweiterte geschriebene Worte	li – re
Niederschrift eines Konzeptes	li – re

3. Spiralebene

Umsetzungsidee	li – re
Realisierung der Umsetzung	li – re
Neues ist Wirklichkeit	li – re

Vier Gründe für ein Businesskonzept

1. Ideen in Worten und Sprache denken und schreiben sind zweierlei.
2. Konkretisieren verschafft Klarheit.
3. Details offenbaren sich im Tun (Schreiben des Konzepts)
4. Geschriebenes ist Grundlage für zukünftige Texte (Website, Flyer, Social Media u.a.)

Tool: Businessplan

Typische Gliederung für ein Dienstleistungsunternehmen:

1. Zusammenfassung

2. Unternehmen
2.1 Management | Organisation
2.2 Standort

3. Dienstleistung
3.1 Dienstleistungsangebote

4. Marktanalyse
4.1 Markt
4.2 Zielgruppe
4.3 Mitarbeiter
4.4 Risiken und Chancen
4.5 Alleinstellung

5. Marketing und Vertrieb
5.1 Preisgestaltung
5.2 Werbung

6. Zukunftsstrategie
6.1 Meilensteine
6.2 Perspektive

7. Fazit

Möchten Sie sich an fertigen Musterexemplaren orientieren, finden Sie Beispiele beim Businessplan-Wettbewerb Berlin/Brandenburg unter diesem Link: https://www.b-p-w.de/downloads/

beispiel-geschaeftskonzepte/. Und noch einmal. Schreiben Sie mit Herz und Freude! Es geht um Ihr Konzept!

Finanzplan

Kommen wir zur nächsten Herausforderung, dem Zahlenwerk. »Reine Fiktion!« – »Was soll ich damit anfangen?« – »Da kann ich doch Zahlen einsetzen, wie ich will!« – »Ist alles Quatsch!« Diese oder ähnliche Aussagen werden immer wieder kundgetan. Allerdings handelt es sich bei dieser Personengruppe um Menschen, die wenig Bezug zu Planung und speziell zu finanzieller Planung haben. Trotzdem nennen sie sich selbstständig. Sie glauben, dass sie mit der halben Wahrheit zurechtkommen – zumindest für eine Weile. Doch dranbleiben bedeutet, das, was sein will, ganz zu sein. Das heißt, Sie planen neben der kreativen immer auch die wirtschaftliche Existenz. Ihre finanziellen Einnahmen und Kosten. Und den Gewinn! Im Finanzplan drücken Sie die monetären Ergebnisse der inhaltlichen, konzeptionellen und strategischen Schritte aus.

Sollten die nächsten Absätze hart klingen, dann bitte ich um Verzeihung. Härte liegt mir fern. Mein Anspruch ist es, in höchstmöglicher Klarheit mit Ihnen zu kommunizieren, weil Klarheit zu Wahrheit führt und diese immer Konsequenzen, also Erfolge, nach sich zieht. Bitte erlauben Sie sich, stets Ihrer eigenen Wahrheit zu begegnen. Denn sie existiert ja schon und möchte als solche angenommen sein.

Wenden wir uns nun wieder der Finanzplanung zu. Sie glauben, dass Sie nicht wissen können, welche Einnahmen und Kosten Sie haben werden? Aus welcher Perspektive schauen Sie auf Ihre Zukunft? Ich verrate es Ihnen. Sie und ich wohnen soeben einem Austausch zwischen Herrn Denker und Herrn Zweifel bei. Sie erinnern sich? Selbst wenn der Chefinnensessel in der obersten Etage steht, die wahre Entscheidungsinstanz hat ihren Platz auf dem goldenen Stuhl und zeigt sich qualitativ mit Einklang und Gewisssein.

Ja, es ist das ewige Dilemma zwischen Herz und Verstand!
Ja, wir haben es so gelernt!
Ja, wir können es anders halten als bisher! Punkt!

Die Herren Denker und Zweifel haben ihren Platz. Sie sind geschätzte Assistenten. Und sie sind weisungsgebunden! Dieser Augenblick ist ein Prüfstand. Es geht um Ihre Finanzen. Um Ihre wirtschaftliche Existenz. Wenn Sie jetzt nicht gewiss sind, dass Sie adäquate Aufträge zu Ihren Angeboten erhalten, dann kehren Sie bitte in das Kapitel »Wie Sie Erfolge gestalten« zurück und bearbeiten dort noch einmal alle Inhalte neu. Ich könnte Ihnen auch raten, die Idee einer Selbstständigkeit fallen zu lassen. In wenigen Fällen könnte das sogar die Wahrheit sein. Und die beste Lösung. Solange Sie Zweifel hegen am Gelingen einer Selbstständigkeit, wird es so sein. Sie werden höchst erfolgreich zweifelhafte Angelegenheiten produzieren.

Dies ist ein sehr konkreter Augenblick. Und jede selbstständige Person kennt ihn. Er fordert Sie heraus, weil Sie sich bis hierhin geführt haben. Er fordert Sie heraus zur ersten Finanzplanung. Er begleitet das Zögern eines Kunden kurz vor der Auftragserteilung. Er drängt sich mit leiser Qual zwischen Sie und Ihren Mitbewerber. Und er taucht wie aus dem Nichts auf, sobald Sie winzigen Gedanken gestatten, an Ihrem lang gepflegten Gleichgewicht zu kratzen. Ein Zweifel nährt den nächsten, dieser den übernächsten. Und so weiter und so weiter. Geben Sie acht. Besinnen Sie sich schnell. Gehen Sie in die Herzetage und atmen Sie tief aus. Was Sie dort zu tun haben, wissen Sie ja schon.

Lemniskate

Wer im positiven Sinne erfolgreich selbstständig sein möchte, vereint stets das kreative Potenzial mit der wirtschaftlichen Existenz zu einem Ganzen. Nur aus diesem Einheitsbewusstsein heraus ist Gewisssein von Ihren Einnahmen, Ausgaben und dem Gewinn möglich. Zum vertiefenden Verständnis des Ganzen möchte ich kurz auf das Wechselspiel der Felder eingehen und Ihnen zur visuellen Veranschaulichung der scheinbaren Trennung von Kreativraum und wirtschaftlicher Existenz die Lemniskate vorstellen. Eine Unendlichkeitsschleife, die in ihrer Spiralbewegung die Felder umspült und bei jeder Umdrehung den Schnittpunkt kreuzt. Dieser Punkt stellt für Menschen dann eine besondere Herausforderung dar, wenn sie die beiden Felder als ungleichgewichtig und ungleichwertig empfinden oder sie sogar negieren. Ist dies der Fall, geben sie dem Schnittpunkt die Qualität eines Nadelöhrs, das es zu durchschreiten gilt.

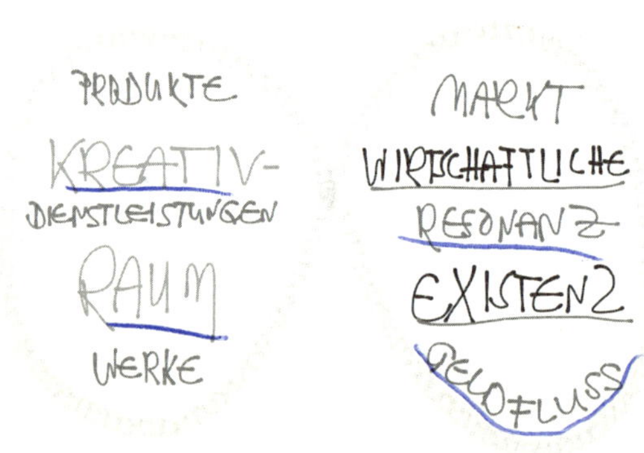

Der Kreativraum steht symbolisch für den individuellen, eventuell einsamen Schaffensort Ihrer Produkte, Dienstleistungen und geistigen, wie künstlerischen Werke. Die wirtschaftliche Existenz stellt den kollektiven Markt oder die Welt dar, in der Angebote, Nachfrage und Geld eine Rolle spielen. Solange Sie die Tür Ihres Kreativraumes verschließen, sondern Sie sich ab vom Markt und damit von der Welt als solcher. Gründe für dieses Verhalten können folgende sein:

- Sie begnügen sich damit, Ihre Ideen, Produkte und Werke für sich zu behalten. Das heißt, Ihre Vorstellung von Selbstständigkeit und Selbsterfüllung endet am Punkt der Fertigstellung Ihrer Arbeit.
- Sie halten das Ergebnis Ihrer Arbeit fest, möchten es nicht hergeben.
- Sie können den Wert Ihrer Arbeit nicht ermessen und verweigern sich deshalb dem Markt.
- Sie möchten sich als Person verbergen und treten daher nicht in Erscheinung.
- Sie haben ein gestörtes Verhältnis zu Geld, obwohl Sie es zum Leben brauchen.
- Sie lehnen grundsätzlich die Bedingungen des Marktes wie Angebot, Nachfrage, Geld ab.
- Sie opponieren im Verborgenen gegen die Marktbedingungen Ihrer Branche.
- Sie scheuen die Auseinandersetzung mit den Marktbedingungen.
- Sie fürchten, sich nicht positionieren zu können.

Allen Motiven liegt eine innere Schieflage zugrunde. Menschen mit dieser Haltung beklagen den Zustand von allgemein verstandener Erfolglosigkeit. Sie sind ratlos. Verzweifelt. Haben sich mit den Jahren eingerichtet mit sich selbst ver- und behindernden Programmen. Sie haben aufgrund persönlicher Einstellungen, die in der Regel aus unreflektierten Übernahmen kollektiver Meinungen resultieren, ebendiese bestätigenden Erfahrungen gemacht. Persönliche Schieflagen sind immer Einladung zu Erneuerung und

Wahrnehmung neuer Chancen. Sie können Ihre Meinung trotz zahlreicher negativer Erfahrungen ändern! Sie können dieselben Tatsachen aus einer anderen Sicht betrachten, sobald Sie diese Tatsachen ins Zentrum stellen und nur einen Schritt zur Seite treten auf der Kreislinie von mindestens 360 Kreisstandpunkten. Nur durch neue Bewegungen können Sie alte Teufelskreise verlassen. Mit einer neuen Sichtweise und neuem Vertrauen kann es gelingen, das Nadelöhr zu durchschreiten und einen ersten Blick auf den Markt zu werfen.

Ich möchte Sie dazu ermutigen. Sie dazu einladen, es dem Bauern gleichzutun, selbst wenn Sie sich in den höchsten Künsten verstehen. Was tut der Bauer? Er bestellt das Feld. Er sät und erntet. Dann fährt er mit der Ware auf den Markt, legt sie aus auf einem Stand und bietet sie feil. Er ist sich gewiss, dass er seine Angebote an jedem Markttag verkauft und mit einem gefüllten Geldbeutel zurück auf seinen Hof fährt. Er weiß, was er kann. Er schätzt seine Arbeit und wertschätzt seine Produkte. Er respektiert den Markt. Und er empfängt gern den monetären Lohn und das Lob für seine Ware. Ich kenne keinen Bauern und keine Bäuerin, die mit Herzblut das Land bestellt und die Ernte dann im Stall einschließt, den Menschen ihrer Umgebung verweigert oder erwartet, dass alle Kunden auf den Hof statt auf den Markt kommen. Es sei denn, das wäre für die Region das passende Geschäftskonzept.

Was auch immer Ihre Gaben sind, die Sie zu geben haben, geben Sie sie und entwickeln und pflegen Sie den darin enthaltenen Segen, empfangen zu können. Sie sind erst dann zu Hause in beiden Feldern der Lemniskate, wenn Sie sich mit ihnen vertraut gemacht haben und sich dann, irgendwann, ihrer Kraft gewiss sind!

Dann wissen Sie,
wer Sie sind und
was Sie zu geben haben.

Dann sind Sie bereit
zu geben,
sich zu zeigen und
zu empfangen.

Dann verkehren Sie die oben genannten Gründe für eine Schieflage in ihr Gegenteil. Sie vermögen das!

Das Glück an die Hand nehmen

»Wichtigkeiten sind gleichzeitig
Sinnstifter,
Gelegenheiten für Freude
und Räume der Liebe.«

Lange Zeit beließ ich es in meinen Workshops bei der Feststellung, es sei das höchste Glück des Menschen, wenn innere Haltungen mit äußeren Handlungen übereinstimmen. Wir nannten es Authentizität und empfanden Menschen, die wahrhaftig sind und handeln, als angenehm und stark. Doch wie verhält es sich mit einer begrenzenden oder störenden Authentizität? Welche Einstellung hegen wir gegenüber ganz authentischen Nervensägen? Würden wir ihnen ebenfalls gebührende Anerkennung zollen? Empfinden Personen mit negativer Wirkung Glück, wenn sie tun, was sie tun müssen? Noch habe ich keine Antwort darauf, doch möchte ich diese Frage der Vollständigkeit halber erwähnt haben.

Woran erkennen Sie Authentizität? Eine vernünftige Frage für Herrn Denker! Sofort könnte er uns Merkmale einer authentischen Chefin nennen, wie gute Überzeugungskraft und starke Kundenwirksamkeit. Sicher auch gute Verkaufszahlen im Ergebnis. Ergänzend würde er die Sinne befragen, ihre Eindrücke aufzählen, diesen Kriterien wie gut und schlecht zuordnen und ein Resümee ziehen. Doch ist das alles? Ich frage noch einmal.

Wie nehmen Sie Authentizität wahr? Diese Frage geht weit über sinnliche Eigenschaften hinaus. Sie berührt Tonart, Melodie, Rhythmus und Takt des Sprechenden. Sprache ist Schwingung. Und diese kann Wohlklang oder Missklang, Harmonie oder Disharmonie sein. Wir nehmen sie einerseits über den Hörsinn auf. Andererseits können wir Schwingung als ganzer Mensch wahrnehmen. Dann fühlen wir. Wir fühlen, wie wahr das ist, was wir hören. Kommen wir zur dritten Frage.

Wie gehen Sie mit der wahrgenommenen Wahrheit um? Können Sie akzeptieren, was Sie hören? Oder wollen Sie mögliche Zwischentöne einem erwünschten Wohlklang unterordnen? Halten Sie kleine Verdrängungen bis zu Selbstbeschwindelei für wahrscheinlich?

Tool: Authentizitätswahrnehmung

Alle drei Fragen lassen sich an die eigene Person richten und die Selbstwahrnehmung reflektieren:

- Woran erkenne ich meine Authentizität?
- Wie nehme ich meine Authentizität wahr?
- Wie gehe ich mit meiner Authentizität um?

Und an das Gegenüber, den Kunden, die Fremdsicht betreffend:

- Woran erkennen meine Kunden meine Authentizität?
- Wie nehmen meine Kunden meine Authentizität wahr?
- Wie gehen meine Kunden mit meiner Authentizität um?

Bitte stellen Sie sich diese Fragen aus beiden Sichtweisen. Setzen Sie sich dazu auf den goldenen Stuhl und notieren Sie die Ergebnisse im 60-Sekunden-Takt in Ihr Coachingbuch.

Anschließend widmen Sie sich bitte für eine weitere Minute der letzten Frage zu diesem Thema:

- Wann, wo und wie habe ich gegen meine Wahrnehmung gehandelt und es hinterher bereut?

Dann werten Sie Ihre Ergebnisse aus und bestimmen die Größe Ihres persönlichen Glücksfaktors hinsichtlich der Übereinstimmung von innerer Haltung und äußerer Handlung innerhalb einer Skala von eins (sehr gut), zwei (gut) bis drei (verbesserungsfähig). Ihr Ergebnis nehme ich gern entgegen, falls Sie sich mitteilen oder ein Feedback erhalten möchten.

Je näher ich mich an die Wahrheit dieser Ansicht herantaste, dass die Übereinstimmung von innerer Haltung und äußerer Handlung des Menschen höchstes Glück sei, desto klarer sehe ich, dass ihr etwas vorangehen muss: die Bereinigung der inneren Programme! Denn solange ich noch nicht zwischen hindernden und fördernden inneren Haltungen unterscheiden, sie bereinigen und aktualisieren kann, werden unklare innere Haltungen zu unklaren äußeren Handlungen und damit zu unklaren Botschaften führen. »Unklar« kann durch jede beliebige Eigenschaft ersetzt werden, wie »begrenzt«, »ängstlich«, »unsicher«. Also, unabhängig davon, wie aufgeräumt, unaufgeräumt, bewusst oder unbewusst ich bin, spiegelt meine Tat die dahinterliegende Haltung wider. Und mein Kunde, meine Chefin oder Mitarbeiterin nimmt sie wahr, ob bewusst oder unbewusst.

Weil das so ist und Täuschungsmanöver mit Sicherheit nicht zum Glück führen, ist es insbesondere für Selbstständige wichtig, sich mit den vorhandenen Haltungen und Einstellungen auseinanderzusetzen. Denn je näher Sie Ihrer bereinigten Wahrheit kommen und innere Programme nach eigenen bewussten Entscheidungen laufen können, desto näher kommen Sie dem Zustand von Glück. Erst hier beginnt wahre Authentizität und höchstes Glück: wenn die Wahrhaftigkeit des eigenen Seins gelebt wird.

Wer glücklich ist, tut sich selbst gut.
Wer glücklich ist, strahlt Glück aus.
Wer glücklich ist, zieht Glück an.
Wer glücklich ist, vermag zu lieben.

Stimmen Sie mit mir und einer alten römischen Weisheit überein, dass wir selbst unseres Glückes Schmied sind? Ja? Es freut mich, wenn Sie nicken können, vielleicht zögerlich, vielleicht energisch. Nehmen Sie ab jetzt Ihr Glück in die Hand! Ich lade Sie zu einer Vorausschau aus dem Jetzt ein, weil es gut ist, ein Gespür für das Wichtigste in Gegenwart und Zukunft zu entwickeln.

Sie brauchen für die nächsten Schritte Stift und Papier. Gut wäre ein großes Blatt, auf dem Sie mehrere Stationen abbilden können. Bitte stellen Sie sich auf fünfmal 60 Sekunden assoziatives Schreiben und auf 30 Minuten für die erste Nacharbeit ein. Und sorgen Sie für gute innere und äußere Bedingungen.

Tool: Vorausschau aus dem Jetzt

Bitte notieren Sie das heutige Datum auf einer beliebigen Stelle des Blattes. Anschließend notieren Sie alle assoziierten Stichwörter zur ersten Frage: Was ist heute das Wichtigste in Ihrem Leben?

Tasten Sie sich nun weit, weit vor in die Zukunft. Markieren Sie diesen Punkt ohne Datum auf dem Papier. Stellen Sie sich vor, Sie haben Ihr Leben gelebt und es ist Zeit für den Abschied. Was ist dann, zur Zeit des Todes, das Wichtigste für Sie?

Notieren Sie jetzt das Datum von heute plus zehn Jahre später. Versetzen Sie sich in diese Zeit und notieren Sie. Was ist heute in zehn Jahren das Wichtigste in Ihrem Leben?

Kommen Sie weitere fünf Jahre näher auf die Gegenwart zurück. Notieren Sie den Tag heute in fünf Jahren. Stimmen Sie sich ein. Wo werden Sie stehen? Was wird dann das Wichtigste in Ihrem Leben sein?

Die nächste Markierung auf Ihrem Blatt trägt das Datum von heute in einem Jahr. Wo immer Sie jetzt gerade stehen, wo möchten Sie in zwölf Monaten sein? Was wird das Wichtigste sein?

Bevor Sie die einzelnen Stationen mit einer Linie verbinden, lassen Sie sie auf sich wirken. Geben Sie sich etwas Zeit, damit Sie die Einheit Ihrer Zukunft als Ganzes wahrnehmen können. Vor Ihnen liegen erste Notizen zum Entwurf Ihres weiteren Lebens.

Haben Sie etwas Neues entdeckt?
Wo ist das Wichtigste angesiedelt? Betrifft es Ihre Lebensqualität, Ihren Beruf, Ihren Besitz?
Bauen die Wichtigkeiten der Zeitpunkte aufeinander auf?
Gibt es Gemeinsamkeiten trotz verschiedener Zeiten?

Führen Sie das Wichtigste der Vorausschau aus dem Jetzt ins Heute. Freunden Sie sich an mit der Endlichkeit der Formen. Schätzen Sie das Glück des Augenblicks. Fangen Sie heute damit an, das Wichtigste zu leben. Lassen Sie es jeden Tag wachsen. Füllen Sie jedes Jahr mehr mit dem, was Ihnen am wichtigsten ist. Erfüllen Sie einen Augenblick nach dem anderen. So kommen Sie den großen Zielen, die ihre Zeit brauchen zum Großwerden, jeden Tag einen Schritt näher. Und Sie haben täglich Ihr Bestes gegeben. Doch das Wichtigste wird sein, dass Sie das Wichtigste gelebt haben!

Bisweilen äußern Coachees die Frage, ob mit dem Wichtigsten das Private oder das Berufliche/Geschäftliche gemeint ist. Zuordnungen, das Wichtigste den Lebensbereichen zuweisen, können Sie später vornehmen. Das Wichtigste ist das, was Ihnen am meisten bedeutet, wofür Ihr Herz schlägt!

Aufs Ganze gehen

Nachdem Sie sich den Wichtigkeiten Ihres Lebens zugewandt haben, frage ich Sie jetzt: Welche Person ist für Sie die wichtigste? Können Sie diese Frage frei und spontan beantworten? Ist es Ihr Partner oder Ihr Chef? Sind es Ihre Kinder oder Ihre Eltern? Ist es gar Ihre allerbeste Freundin? Wer ist das Zentrum Ihres Lebens?

Wissen Sie es? Sie sind es! Sie allein! Nur wenn Sie sich selbst wichtig nehmen, sich auf sich selbst beziehen, können Sie all Ihre Wichtigkeiten und Ihr Glück erfüllen. Und das bei aller Liebe zu Ihren Nächsten.

Noch stellt es eine Ausnahme dar, dass Menschen in Paarbeziehung nach dieser Weisheit leben und ihre Verbindung mit dieser Einstellung gestalten. Ist das uns Nächste wirklich das Schwerste? Aus eigener Erfahrung und Beobachtung möchte ich behaupten: Es gibt Leichteres! In diesen Tagen beleuchte ich das Thema aus unterschiedlichen Anlässen, einmal mit einer jungen Frau und kurz darauf mit einem jungen Mann. Ich bin glücklich darüber, zu erleben, aus welcher Gewissheit über die Wahrheit ihrer Sichtweise beide schöpfen, sobald sie in ihrem Zentralisierungsmodus sind. Nur wenn jeder der Partner für sich steht, können sie den Raum zwischen dem Ich und dem Du mit etwas Zusätzlichem füllen. Mit dem Wir. Auf eine Formel gebracht sieht das so aus.

Verliert sich das Ich oder Du im Wir, verschwindet es als tragende Größe, vorübergehend auch für sich selbst, und kann einem Wir weder Raum geben noch es gestalten. Diese Formel besitzt ihre Gültigkeit in Liebesbeziehungen ebenso wie in geschäftlichen Kooperationen oder Kollaborationen.

Fazit

Aufs Ganze gehen meint Sie als ganze Person
und die Summe aller Lebensbereiche als Ganzes!

Die Person

Seit der ersten Seite dieses Buches haben wir uns auf eine gemeinsame Entdeckungsreise des Erfolgs und zu uns selbst gemacht. Ich spreche deshalb von wir, weil ich vom ersten Wort an mit Ihnen war und es bis zum letzten Wort sein werde. Und weil auch ich auf dieser Reise Neues gesehen und erfahren habe, so wie Sie. Wir erkannten uns in den Figuren eines Unternehmensgebäudes wieder, erfuhren uns in besonderen Kommunikationsformen auf dem goldenen Stuhl und im Einklang, ließen uns in einer Wanderhütte nieder und trafen Entscheidungen vor Wegweisern. Wir wissen, was sein will und wie wir dies entschlossen sein können. Mit einer klaren Entscheidung für Gleichgewicht wogen wir die Möglichkeiten von gesunden links- und rechtsdrehenden Bewegungen ab und gingen auf das ultimative Ziel des Menschen, das Glück, ein und auf vieles mehr.

Doch der Weg führt uns in weitere Landschaften unserer Existenz, hinein in Schichten und über Ebenen, auf schwindelerregende Höhenlagen und in abgrundtiefe Daseinsformen des Geistes. Niemals wird es einen Stillstand geben in der ewigen Bewegung des Lebens.

Der Frage, ob die Endlichkeit unseres individuellen Körpers ebenfalls die Endlichkeit unseres persönlichen Geistes bedeutet, können wir in Anlehnung an religiöse und philosophische Ansätze nachgehen oder uns zutiefst in uns selbst versenken, damit wir unsere eigene Wahrheit finden. Da wir ohne Frage komplexe und vielseitige Wesen in beständiger Wandlung sind, biete ich Ihnen im weiteren Verlauf des Kapitels nächste Orientierungshilfen zur Betrachtung der Person an. Mögen sie Ihnen dienlich sein bei der Ergründung Ihres Eisbergbauches und Verständnis und Mitgefühl wecken bei der Betrachtung innerer Haltungen.

Denn gerade weil offensichtlich ist, dass unsere Umgebung die Haltung hinter der Handlung wahrnimmt, spreche ich insbesondere Existenzgründerinnen und Selbstständige unter Ihnen an, liebe Leserinnen und Leser, damit Sie sich gut mit dem Inhalt Ihres Eisbergbauches vertraut machen. Damit Sie vorbereitet sind auf besondere Situationen, die jede Selbstständigkeit bereithält. Sie werden sich immer wieder überraschen und im wörtlichen Sinn auf sich selbst zurückwerfen. Sie stehen sicherer, wenn Sie sich gut kennen. Ein stabiler Stand erlaubt es auch einmal, Schwachpunkte öffentlich beim Namen zu nennen und sie aufrichtig als Chance zu begreifen. Und wer sich selbst kennt, kann mutiger vom symbolischen Tellerrand springen, wozu sich Selbstständige ja bekanntlich herausfordern.

Da Sie selbst die wichtigste Person Ihres Lebens sind, stehen Sie folglich im Zentrum des Geschehens. Um sich herum haben Sie Prägungen und Programme angesiedelt, die einerseits alle miteinander verknüpft sind, andererseits aber auch Schichten darstellen. Die Summe aller Codes, Designs und Programme finden sich wieder in den Handlungen und Ergebnissen der Ihnen eigenen Gestaltung Ihrer Lebens- und Arbeitswelt, in Ihrem Erfolg! Mithilfe innerer Bewegungen, wie sie im Eisbergbau üblich sind, drängen sie vom Zentrum heraus an die Peripherie, erzeugen Resonanzen in ihrer Umgebung, nehmen diese auf, durchlaufen die Filter der inneren Schichten und kehren mit neuen Eindrücken zurück ins Zentrum.

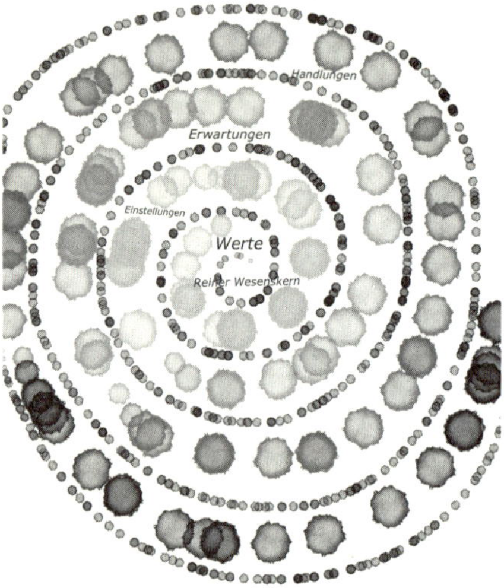

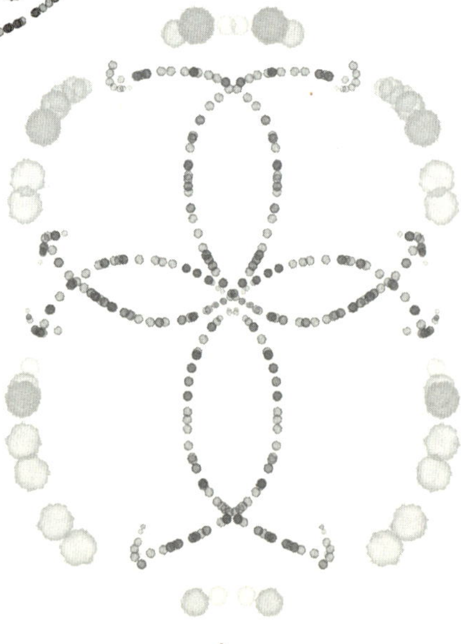

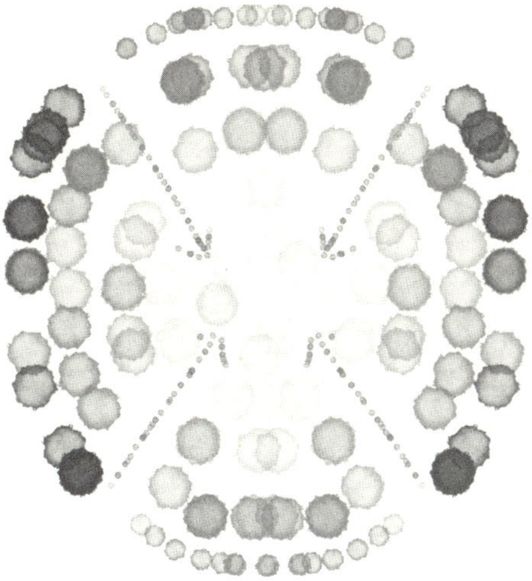

Werte

In diesen Zeiten erleben sie ihre Renaissance, die Werte. Parallel zum Ende der alten Zeit und der mit ihr einhergehenden Sinnentleerung herkömmlicher Werte orientiert sich die allmählich aufkeimende neue Welt an anderen Idealen. Wertschöpfung siedelt sich eher im Sozialen, Lebenserhaltenden an statt im Monetären, Ausbeutenden. Wertegenerationen stehen einander gegenüber und Menschen sehnen sich danach, in diesem Spannungsfeld neue Maßstäbe setzen, eigene Zuordnungen finden und Begriffe wieder mit lebendigem Inhalt füllen zu können. Zuweilen suchen sie irritiert nach Worten, wenn sie vor die Frage nach ihren Werten gestellt werden. Sie haben von sich selbst den Eindruck, als hätten sie die alten abgelegt und die neuen noch nicht gefunden, als überdauerten sie die Zeit des Wechsels in einem Niemandsland. Jedoch beklagen sie noch heute ihre Wertlosigkeiten, haben sie schon teil an der Auferstehung der Werte an sich.

Es ist ein gutes Zeichen, dass Menschen nach ihren Werten suchen! Weil Werte von den genannten Ebenen dem Wesenskern am nächsten sind. Ist die Suche bis hierhin fortgeschritten, hat sie ihr Ziel schon fast erreicht. Dann keimen sie plötzlich auf wie aus dem Nichts, werden bestaunt, geprüft und voller Bewunderung ob ihrer Existenz willkommen geheißen. So mancher Coachee atmet auf, wenn Werte wieder Namen haben und Gewicht. Und Selbstständige sind dankbar, wenn sie wieder Bewusstsein für ihre Werte entwickeln, weil diese in ihren Produkten, Dienstleistungen und Werken, in der Unternehmensphilosophie und der Kommunikation für den Kunden wahrnehmbar sind. Angebote werden gern wahrgenommen, wenn ein ausgewogenes Verhältnis von materiellen und immateriellen Werten gegeben ist.

Einstellungen

Einstellungen bestimmen die Perspektive. Wir können nur wahrnehmen, was uns aus einer bestimmten Sicht möglich ist. Rein optisch wie intellektuell und emotional. Einstellungen markieren den geistigen und pragmatischen Horizont. Sie stellen aus Prägungen und Erfahrungen resultierende Meinungen gegenüber uns selbst und anderen Lebewesen, Dingen und Situationen dieser Welt dar. Wir können auch sagen: Einstellungen sind von Herrn Denker eingenommene Positionen mit emotionaler Färbung.

Erwartungen

Erwartungen besitzen verstärkt kommunikative Komponenten. Sie entwickeln sich aus sozialen Regeln und Strukturen. Sie lieben es, sich in der Nähe von Gewohnheitscharakteren anzusiedeln und recht bald in Anspruchshaltungen zu mutieren. Ist es erst einmal so weit gekommen, machen sie keinen Unterschied zwischen Erwartungen an sich selbst und an die anderen. Die gefährlichste ihrer Art zeigt sich in vermuteten Erwartungen anderer gegenüber der eigenen Person. Wie häufig höre ich dahingehende Fragen! Solch ein Fall macht dann auf den verflixten Mechanismus des Anpassungsmodus aufmerksam. Also, zentrieren wir uns und besinnen uns auf die Wahrheit hinter der Gewohnheit!

Außerdem binden wir mit Erwartungen unsere Aufmerksamkeit und projizieren sie in der Regel in die Zukunft. Wir beschäftigen uns gedanklich und emotional mit dem zu Erwartenden, stellen die Zeit zwischen das Jetzt und den Moment der Erfüllung. Damit lassen wir Herrn Denker freie Hand. Womöglich trifft er sich mit Herrn Zweifel? Ach bitte, legen Sie das Warten auf etwas oder jemanden in dieser Qualität ab. Es macht viel mehr Spaß und platziert Sie im Jetzt, wenn Sie stattdessen in freudiger Erwartung sind.

Handlungen

Kommen wir nun zur letzten der den Wesenskern umgebenen Ebenen, den Handlungen. In ihnen sind alle Informationen der vorherigen Ebenen enthalten, sichtbar und spürbar. Mit ihnen nehmen wir die unmittelbare Berührung mit der Welt auf, beeinflussen diese mit unserem Beitrag und empfangen durchs Tun neue Eindrücke, mit denen wir dann wiederum in die inneren Schichten zurückkehren. Wenn ich Ihnen später anbiete, Ihre Handlungen aufzuschreiben, dann meine ich damit die für Sie typischen Handlungen in dem jeweiligen Lebensbereich. Anschließend können Sie prüfen, ob sich Ihre gewohnheitsmäßigen Handlungen von denen in besonderen Situationen unterscheiden. Sie werden entdecken, welcher Intention Sie gefolgt sind und wie zielführend es war, was

Sie taten. Und wie dienlich. Handlungen haben schließlich den Sinn, dass sie Ergebnisse hervorbringen, Ihre Ziele und erwünschten Erfolge realisieren!

Die vier Lebensbereiche

Die eine oder andere Coachee fragt danach, ob sie im Rahmen unserer Zusammenarbeit auch über etwas Privates sprechen könne. Eigentlich gehöre es ja nicht hierhin, heißt es dann. Doch es drängt. Es will ausgesprochen, gehört und beachtet werden. Was könnte als deplatziert oder privat gelten, das Ihren Beruf und Ihr Unternehmen beeinflusst? Wie handhaben Sie es? Selbstverständlich sollte bei einer Honorarverhandlung mit einem neuen Auftraggeber nicht in Erscheinung treten, dass Sie zu Hause akute Konflikte mit Ihrem Partner austragen. Und doch ist diese Tatsache Bestandteil Ihres Eisbergbauches. Und der ist immer da! Wäre die Andeutung einer frisch verliebten Stimmung und der leidenschaftlichen Vorfreude auf das abendliche Rendezvous eher gestattet? Was meinen Sie?

Machen Sie einen kleinen Selbsttest. Notieren Sie alle Bereiche, die Ihr Leben ausmachen. Dann vergeben Sie prozentuale Anteile und fügen diese wie Kuchenstücke kreisförmig zusammen. Jedes Stück stellt einen Teil Ihrer Lebensgestaltung dar und alle Stücke beeinflussen sich wechselseitig, während im Idealfall der Wesenskern mithilfe der ihn umgebenden Ordnungssysteme das Ganze steuert. Daher sollten Sie sich vor einer persönlichen oder beruflichen Neuorientierung und insbesondere vor einer Selbstständigkeit möglichst ausgiebig mit dem Thema dieses Kapitels auseinandersetzen. Damit Sie vorbereitet sind und umsichtig und vorausschauend, natürlich aus dem Jetzt, das Steuer Ihres Lebens fest in Ihren Händen halten. Am Ende dieses Kapitels können Sie mit

Ihren persönlichen Lebensbereichen so verfahren wie mit den vier Hauptlebensbereichen, die ich in diesem Buch zugrunde lege. Diese sind:

- Arbeit und Berufung
- Geld und Finanzen
- Familie und Beziehungen
- Gesundheit

Nun wird es Zeit, dass ich Ihnen wieder das Schreiben und Zeichnen überlasse und Sie mit dem nächsten Tool durch vier Lebensbereiche und vier Ebenen führe.

Tool: Die Spirale füllen

(Zeichnung 1 = Spirale je Lebensbereich,
Zeichnung 2 = Zusammenführung der Bereiche in einer Spirale)

Schritt 1:
Zeichnen Sie in Anlehnung an die Illustration auf Seite 184 oben für jeden Lebensbereich eine großflächige Spirale auf ein separates Blatt. Betiteln Sie jedes Blatt mit einem der Lebensbereiche. Bezeichnen Sie nun die vier Ebenen, die den Wesenskern umgeben. Beginnen Sie je Blatt und Bereich mit den Werten und arbeiten Sie sich Schicht für Schicht im 60-Sekunden-Takt von innen nach außen durch. Bitte starten Sie jetzt in folgender Reihenfolge:

Blatt 1: Arbeit und Berufung
Blatt 2: Geld und Finanzen
Blatt 3: Familie und Beziehungen
Blatt 4: Gesundheit

Schritt 2:
Haben Sie alle vier Blätter ausgefüllt, werten Sie bitte jedes Blatt nach den folgenden Kriterien einzeln aus und machen Sie hierzu entsprechende Notizen.

Was ist das Wichtigste?
Was ist zu tun?

Schritt 3:
Danach legen Sie alle vier Blätter nebeneinander in ein Quadrat und lassen sie eine Weile auf sich wirken.

Markieren Sie im nächsten Schritt auf allen Blättern die Werte, Einstellungen, Erwartungen und Handlungen, die in allen vier Bereichen gleich sind, mit einer Farbe.

Anschließend markieren Sie alle Werte, Einstellungen, Erwartungen und Handlungen, die sich in den vier Bereichen voneinander unterscheiden, mit einer anderen Farbe.

Nun tragen Sie das Ergebnis in einer großen, neu zu zeichnenden Spirale (s. Illustration unten) zusammen. Ihre Werte sind farblich geordnet und in jedem Bereich sind die wichtigsten To-dos vermerkt.

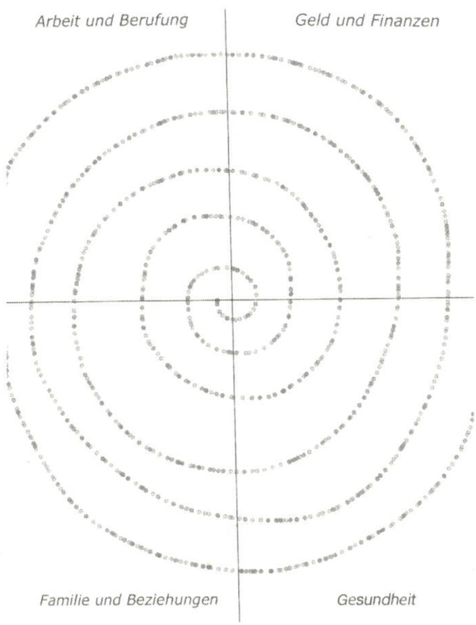

Schritt 4:
Lesen Sie jetzt alle To-dos noch einmal durch und gewichten Sie diese nach Prioritäten. Nun wissen Sie, was als Erstes zu tun ist. Sie können das Wichtigste aller Wichtigkeiten benennen – und handeln.

Den Bogen spannen

Sind Sie bereit für den nächsten Schritt in Richtung Tellerrand? Ich bin überzeugt, Sie sind es! Sollte es ein wenig kribbeln, wo auch immer, darf es das gern. Sie nähern sich schließlich konkreten Entscheidungsmomenten. Das ist aufregend. Nicht nur in Bauch und Knien. Selbst die Luft vibriert voller Vorahnung. Weil konkrete Verbindlichkeiten nach Konsequenz rufen. Sie werden es sehen, auch ich nehme Sie beim Wort. Doch zuallererst werden Sie das selbst tun.

Schauen Sie sich Ihre To-dos aus dem letzten Kapitel an. Sie haben Prioritäten vergeben. Sie wissen, was das Wichtigste ist. Sie wissen, was jetzt getan sein will. Sind Sie bereit? Wollen Sie es wirklich tun? Sie sagen laut und deutlich Ja?! Gut so! Dann beginnen wir! Sie brauchen dazu Stift, Papier und Ihre Entschlossenheit.

Entscheidungen treffen

Das Wichtigste steht fest. Formulieren Sie ganz frei, was Sie erreichen möchten. Schreiben Sie die Formulierung auf.

Nehmen wir einmal an, Sie haben bei der Bearbeitung Ihrer Lebensbereiche festgestellt, dass Ihr Gesundheitsbewusstsein zwar aus edlen Werten besteht, diese Ihren tatsächlichen Handlungen jedoch diametral gegenüberstehen. Gesundheit liegt Ihnen am Herzen. Sie schätzen eine ausgewogene, gesunde Ernährung, fühlen sich fit und wohl, wenn Sie ausreichend Bewegung haben, täglich zwei bis drei Liter Flüssigkeit zu sich nehmen und acht Stunden schlafen.

Ihre Gesundheit liegt Ihnen wirklich am Herzen. Trotzdem leben Sie seit geraumer Zeit mit der Einstellung »Es geht auch anders. Vorübergehend!«. Seit Sie sich in diese arbeitsintensive Projektarbeit verwickelt haben, kommen Sie mit fünf bis sechs Stunden Schlaf aus. Die Literflasche Wasser ist am Abend noch halb voll. Immerhin trinken Sie dann den Rest und holen sich noch schnell im Imbiss gegenüber etwas zu essen, damit Sie wenigstens eine warme Mahlzeit pro Tag zu sich nehmen. Vitamine führen Sie sich, nur vorübergehend, in Form von Kautabletten zu. Seit Sie in den Projekträumen arbeiten, ist Ihr Kaffeekonsum enorm gestiegen. Koffein zwischendurch macht wieder munter. Sie sind froh, wenn es zum Meeting nach nebenan in den Konferenzraum geht. Denn etwas Bewegung braucht der Mensch! Jetzt sind Sie entsetzt darüber, dass Sie diese Lebensform schon seit 15 Monaten durchhalten. Tapfer! Sie wissen, dass Sie diesen Zustand ändern wollen.

»Ich muss das ändern. Ich muss unbedingt wieder gesund leben.« So könnte Ihr Satz lauten. Das wäre eine Erkenntnis. Immerhin!

»Also gut, ich möchte wieder gesund leben.« Ist das ein frommer Wunsch?

»Ich will wieder gesund leben!« Das ist gut. Jetzt kommt der Wille ins Spiel.

Worauf will ich hinaus? Diese Abfolge ist typisch für eine Entscheidungsfindung.

Das »Ich muss!« ist Symptom des Anpassungsmodus. Ich muss meiner Erkenntnis entsprechen. Ich muss etwas machen!

»Ich möchte« besitzt Wunschcharakter und rückt näher ans Zentrum heran.

Mit »Ich will!« wird die Entscheidungsidee mobilisiert.

Dieses Wollen ist vorerst nur vernünftig. Feuerkraft besitzt es noch nicht. Weil Feuer den Funken braucht, der es entzündet. Weil lebendiges Feuer Wärme erzeugt, bis es uns wohlig warm wird. Erst wenn die Entscheidung in Ihnen lebendig ist, fühlen Sie sie gegenwärtig. Und darauf kommt es an. Dass Sie Ihre Entscheidung sind!

Die 3-P-Formel

Mit der 3-P-Formel möchte ich Ihnen die beste mir bekannte Art vorstellen, mit der Entscheidungen ins Jetzt geholt und Ziele im Jetzt erlebt werden können. Sie ist auf Brian Tracy zurückzuführen. Die 3-P-Formel besteht aus drei Stichwörtern und ist unglaublich einfach. Sehen Sie selbst! Und erfüllen Sie ab jetzt bei jeder Entscheidung diese drei Qualitäten.

P persönlich
P positiv
P im Präsens

Wie würde dann die Entscheidung aus unserem Beispiel lauten?

persönlich: ich
positiv: gesund
im Präsens: lebe

Ich lebe gesund!

Das ist alles. Ja, ich höre Ihren Einwand. Denn Tatsache ist, dass Sie lange Zeit ungesund lebten. Ebenso wahr ist, dass Sie irgendwann ein erstes Mal entschieden: »Ich lebe ungesund!« Damals haben Sie die Einstellung gewechselt und diesen Satz gedacht und ausgesprochen und seitdem wiederholt bestätigt.

Es ist üblich, Ziele in die Zukunft zu projizieren und sprachlich die grammatikalische Zukunftsform für ihre Realisierung zu verwenden. Darum klingt die Präsensform zunächst befremdlich. Befremdlich auch deshalb, weil die Anwendung der 3-P-Formel dem Zentralisierungsmodus entspricht. Sie erinnern sich? Auch der Umgang mit Zeit wurde ausführlich in diesem Buch behandelt. Ich frage Sie: Können Sie eine Idee oder eine Entscheidung in die Zukunft projizieren, wenn diese gegenwärtig nicht als geistige Realität in Ihnen existiert? Sie können es nicht! Sie brauchen dazu die gegenwärtige geistige Realität! Und darum ist es wichtig, sie auch im Präsens zu benennen und zu leben.

Üben Sie sich gleich jetzt in der Anwendung dieser Formel für Ihre wichtigste Entscheidung. Sie erleben ihren Segen bereits dann, wenn Sie Ihre Entscheidung im Präsens aussprechen. Dann ist der Bogen gespannt von der Akzeptanz einer gegenwärtigen Schieflage bis zur Realisierung der Lösung. Sie spüren die Wirkung ausgesprochener Realitäten insbesondere über den Klang der Worte. Es fühlt sich anders an, wenn Sie sagen: »Ich muss …, ich möchte …, ich werde …«, als wenn Sie aussprechen: »Ich lebe gesund!« Da vibriert es nur so vor Verbindlichkeit und Konsequenz. Und ich frage Sie ein drittes Mal: Sind Sie wirklich bereit dazu?

Zur Verdeutlichung folgen hier weitere Formulierungsmöglichkeiten zu unserem Beispiel:

Ich formuliere Entscheidungen im Präsens.
Ich höre mir gut zu und fühle, was ich denke und sage.
Ich ernähre mich mit gesunden Nahrungsmitteln.
Ich trinke täglich zwei Liter Wasser.
Ich lege regelmäßig alle zwei Stunden eine Pause ein.
Ich gehe zu Fuß zum Projektbüro.

Und zu anderen Themen:

Mein Schreibtisch ist aufgeräumt.
Meine Buchhaltung ist auf dem Laufenden.
Ich halte das tägliche Morgenmeeting ein.
Mein Postfach ist ausschließlich zwischen 8 und 20 Uhr geöffnet.
Für die konzeptionelle Arbeit ziehe ich mich an jedem ersten Freitag des Monats für drei Stunden zurück.
Ich delegiere die Rechnungslegung an meinen Assistenten.

Behandeln wir im Einzelcoaching oder in den Workshops dieses Thema, überraschen sich die Teilnehmer immer wieder selbst mit eigenen unerwarteten Sprachgewohnheiten. Besonders staunen sie über die Fülle angewandter Negativformen. Das »Nicht« hat sich vielerorts eingeschlichen und sich im Laufe der Jahre als wohlgenährte Sitte etabliert. Darum werden erste Entscheidungen oft mit diesem Nicht versehen. Spüren Sie bitte, welche Aussage kraftvoller ist: »Ich möchte … nicht mehr tun« oder »Ich mache das jetzt so …!«? In Berlin verlautbart es von überallher: »Das ist gar nicht schlecht!«, und wird außerdem mit verhaltener Einstellung unterstrichen. Liebe Leserinnen und liebe Leser, das lässt sich ändern. Probieren Sie es mit »Das ist richtig gut!«.

Vertrauen Sie sich. Es bedarf einer gewissen Übung, Kontinuität und Geduld, bis Gegenwartsformen gegenwärtig geworden sind. Mein Vorschlag ist: Wenden Sie die 3-P-Formel so oft an wie möglich. Eignen Sie sich ganz bewusst und Schritt für Schritt diese Denkart im Präsens an, und Ihr Leben wird sich mit Gegenwärtigkeit füllen. Sie werden gegenwärtiger denken, fühlen und handeln. Und schließlich werden Sie gegenwärtig sein. Wäre dies Ihr erklärtes Ziel, hieße die Entscheidung jetzt: »Ich formuliere im Präsens!«

Wenn Ihre Entscheidung zur Realisierung der wichtigsten Wichtigkeit jetzt im Präsens schwarz auf weiß auf Ihrem Papier steht, sprechen Sie sie bitte laut und deutlich aus und füllen Sie diese Worte ab jetzt mit Leben. Sie werden Ihre Freude daran haben! Und Sie werden erleben, dass Worte Realitäten sind.

Halten Sie es smart!

Ihr Urheber ist unbekannt, so äußert sich auch Wikipedia zur SMART-Formel, der zweiten Konkretisierungshilfe, die ich Ihnen vorstellen möchte. Vermutlich wurde sie erstmalig von George T. Doran 1981 in einem Artikel der *Management Review* veröffentlicht: »There's a S.M.A.R.T. way to write management goals and objectives.« Selbst die Interpretationen des Akronyms, des Buchstabenwortes, unterscheiden sich voneinander. Aus wessen Feder sie auch immer stammt, ich sende großen Dank an den Urheber! Jeder, der sich mit Ziel- und Entscheidungsfindung, Selbstmanagement und Zielvereinbarungen auseinandergesetzt hat, kennt die SMART-Formel. Mit ihr können Sie das Wichtigste Ihrer Wichtigkeiten und die soeben vollzogene Grundsatzentscheidung so differenziert konkretisieren, dass Sie damit auch das letzte noch so kleine Hintertürchen schließen.

Ergänzend möchte ich noch anfügen, dass Sie mit jeder konkret und verbindlich gelebten Entscheidung und Vereinbarung mit sich selbst, dem Vorgesetzten oder den Mitarbeitern den höchstmöglichen Erfolg erreichen, wenn Sie die gemachten Erfahrungen auswerten und in weitere Entscheidungs- und Handlungsschritte einfließen lassen. So kann es sinnvoll sein, dass Ergebnisse ganz persönlicher Ziele täglich abgeglichen und unternehmerische Schritte wöchentlich oder monatlich analysiert werden. Grundsätzlich bewährt sich die Abfolge

Planung,
Entscheidung,
Vereinbarung,
Umsetzung,
Auswertung,
Neuplanung
usw.

Sinn und Zweck der SMART-Formel ist, dass Sie lernen, gedanklich, sprachlich und sachlich zu präzisieren, konkrete Willensbekundungen abzugeben, diese schriftlich zu fixieren und – das ist meine Ergänzung zur vertiefenden Erfahrung und Wirksamkeit – sie laut und deutlich möglichst vor einer Person Ihres Vertrauens auszusprechen. Damit hat die Realisierung begonnen und Sie praktizieren Entschlossenheit inklusive der vier Komponenten Wille, Absicht, Vertrauen und Mut. (Siehe hierzu auch Kapitel »So tun Sie, was Sie wollen!«.)

An diesem Punkt entscheidet sich mit allen Konsequenzen, ob und was Sie wirklich wollen. Denn es geht um verbindliche Realisierung.

Die Interpretation des Buchstabenwortes SMART gestaltet sich üblicherweise wie folgt:

Specific (konkret und unmissverständlich)
Measurable (messbar, sachlich und zeitlich)
Attainable (machbar durch Mittel, erreichbar durch Person)
Relevant (wichtig im erwünschten Kontext)
Time-bound (zeitlich gebunden)

In meiner Beratungs- und Coachingtätigkeit verwende ich diese einfachen Begriffe mit den ergänzenden Fragen:

Spezifisch: Was will ich konkret tun?
Messbar: Woran erkenne ich nachweisbar, was ich tue?
Attraktiv: Was ist attraktiv oder was habe ich davon?
Realistisch: Wie machbar ist das mit den gegebenen Mitteln?
Terminierbar: Wann beginne ich und wann ist das Ziel erreicht?

Meine Absicht, dieses Buch zu schreiben, stand zum Zeitpunkt seiner Konkretisierung in etwa so in meinem Notizbuch:

Entscheidung:
Ich schreibe und publiziere ein Buch über meine Arbeitsmethode.

Spezifisch: Was will ich konkret tun?
Ich schreibe und publiziere ein Buch über mein Wissen und über meine Arbeitsmethode für Frauen und Männer.

Messbar: Was will ich tun?
Ich schreibe an fünf Tagen wöchentlich jeweils drei Stunden an meinem Buch.

Attraktiv: Was habe ich davon?
Ich erfülle den langjährigen Impuls, ein Buch zu schreiben, bringe mein Wissen kompakt ins schriftliche Format, stelle es gemeinsam mit meiner Methode einem öffentlichen Publikum zur Verfügung, kommuniziere auf diese Weise direkt mit den Leserinnen und Lesern und trage dazu bei, dass vor allem Frauen ihre Lebens- und Unternehmensführung mit den Weisheiten von Selbstständigsein, freier Lebensgestaltung, Erfüllung und Erfolg bereichern.

Realistisch: Wie machbar ist das?
Ich halte die Schreibzeiten für das Buch als feste Termine und wichtige Bestandteile meiner Wochenplanung verbindlich ein. Jeder Termin spiegelt meine Entscheidung in Abstimmung mit meinen Mandanten und Coachees wider. Mein Vorhaben ist absolut realisierbar. Ich verfüge über alle notwendigen Mittel.

Terminiert: Wann beginne ich und wann ist das Ziel erreicht?
Ich schreibe (bereits zum Zeitpunkt meiner Entscheidung). Ich setze diesen Starttermin fest und übergebe das fertige Manuskript bis zum mit dem Verlag vertraglich vereinbarten Termin.

Wenn Sie die 3-P- und die SMART-Formel wie hier in Kombination anwenden – und sie mit den gesamten Inhalten dieses Buches verbinden –, haben Sie die Königinnendisziplin im Umgang mit Zeit in Ihrem persönlichen Selbstmanagement auf dem Weg zu Ihren ureigensten Erfolgen erreicht. Mit diesem Tag beginnt Ihr neues Leben. Sie sind Gestalterin Ihrer Realität und Mitgestalterin der neuen Welt von heute und morgen.

Balanced Scorecard

Mit der Balanced Scorecard oder ausbalancierten Punktekarte, kurz BSC, stelle ich Ihnen ein drittes Instrument vor, das Sie sowohl privat für die vier Lebensbereiche Arbeit und Berufung, Geld und Finanzen, Familie und Beziehungen und Gesundheit verwenden können, wie auch, und dafür ist es ursprünglich vorgesehen, als Tool für die Unternehmensplanung. Die BSC ist eines der wichtigsten Steuerungstools im Fachgebiet Controlling und wartet für BWL-Studenten und Unternehmen mit umfangreicher Fachliteratur auf. Sie erfreut sich in Großkonzernen großer Beliebtheit und kann ebenso in kleinen und mittelständischen Unternehmen eingesetzt werden. Je kleiner das Unternehmen ist, desto mehr wird in ihr mit Worten statt mit Zahlen operiert. Für Soloselbstständige bestehen die Punkte oder Kennzahlen dann aus Umsatz-, Kosten- oder Gewinnzahlen, der Anzahl von Kunden, fixen Terminen für Projektabschlüsse und dergleichen mehr.

Warum biete ich dieses Tool auch Soloselbstständigen an? Ist das nicht zu viel des Guten an Planungs- und Schriftstücken? Ich betone es gern noch einmal. Verschriftlichte Planung in Wort und Zahl ist ein wesentlicher Schritt der Realisierung! Pläne dienen der Definition von Zielen und stellen Prozesse und Strategien dar. Sie werden gemacht, um dem Menschen im Detail und dem Unternehmen als Ganzes zu dienen. Große Unternehmen gliedern sich in Abteilungen, die mit eigenen Plänen als internes Subsystem zum Gelingen des Ganzen beitragen und ihre spezifische Perspektive entwickeln. Für einen Soloselbstständigen hingegen ist es sinnvoll, in regelmäßigen Abständen aus der zentralen Sichtweise der Unternehmenssteuerung herauszutreten und sich temporär an der Peripherie seines Tuns zu verorten, um von dort verschiedene Perspektiven auf die unternehmerischen Pläne, Prozesse und Ziele einzunehmen. Es empfiehlt sich, dies von folgenden vier Standorten aus zu praktizieren:

- Finanzperspektive
- Kundenperspektive
- Prozessperspektive
- Innovationsperspektive

Stellen Sie sich diese Perspektiven wie eigene Abteilungen Ihrer Selbstständigkeit vor. Aus ihrer Sicht analysieren Sie, was zu tun ist, treffen Entscheidungen und konkretisieren Ihre Ziele mithilfe der 3-P- und der SMART-Formel. Es kommt vor, dass Sie im selben Zeitraum aus allen vier Perspektiven Neuerungen vornehmen müssen. Doch meist sind nur eine bis zwei betroffen. Bevor die Umsetzungsphase beginnt, wägen Sie die Chancen und Risiken ab und vermerken, wie Sie eventuelle Risiken auffangen können bzw. in welchem Umfang Sie Risiken eingehen wollen.

Tool: Balanced Scorecard

Mit der BSC haben Sie ein Instrument zur Verfügung, das Ihr alltägliches Arbeitspapier darstellt. In ihr finden Sie die ehemals in übergeordneten Ideen und Strategieentwürfen des Businessplans und der Rentabilitätsberechnung verfassten Inhalte auf konkrete Arbeitsschritte heruntergebrochen und verfeinert. Bitte beachten Sie folgende Reihenfolge bei der Anwendung der BSC:

- Zunächst bestimmen Sie den Zeitraum, den Sie konkret und verbindlich planen möchten. Bewährt haben sich ein bis drei Monate. So bleibt Ihre BSC übersichtlich.
- Stimmen Sie sich jetzt auf die Vision ein, die Sie von Ihren erfüllten Zielen wahrnehmen. Das ist das, was innerhalb dieser Zeit sein will, also mehr, als Sie intellektuell erreichen wollen. Nehmen Sie hierzu auf Ihrem goldenen Stuhl Platz.
- Nun prüfen Sie Ihr Leitmotiv. Bringen Sie auf den Punkt, wor-

auf Sie sich in der Realisierungsphase beziehen wollen. Was trägt Sie? Wofür brennen Sie?

- Zeichnen Sie nun einen Kreis mit vier Standpunkten, die jeweils für eine der vier Perspektiven stehen. Sie können das Blatt auf den Boden legen und sich an vier verschiedene Punkte stellen, damit Sie leichter aus einem imaginären Abstand heraus auf Ihre Selbstständigkeit schauen können. Notieren Sie, was aus jeweiliger Sicht zu tun ist. Dann entscheiden Sie sich für die wichtigste Perspektive und das daraus resultierende notwendigste Handlungsfeld.
- Hiernach definieren Sie nach den Regeln der 3-P- und der Smartformel das Ziel.
- Nun konkretisieren Sie die Aktionen.
- Und Sie vergeben Ihre Kennzahlen (Euro, Kundenzahl, Stückzahl, Termine, Fristen usw.)
- Erst jetzt wägen Sie Chancen und Risiken ab und machen sich, falls nötig, Notizen zu Plan B.
- Schreiben Sie feste Termine in Ihren Kalender, wann Sie die BSC, die jetzt Ihr Arbeitspapier ist, wieder zur Hand nehmen, sie aktualisieren und Erledigtes abhaken.
- Für die Auswertung des Zeitraums tragen Sie einen separaten Termin ein. Denn das Ergebnis ist gleichzeitig die Grundlage für die darauffolgende Planungsphase und die Erstellung der nächsten BSC.

So würdigen Sie Ihren Erfolg

Wie lang ist es her, dass Sie die Reise mit diesem Buch begannen? Eine kleine Ewigkeit? Wer sind Sie heute im Vergleich zu damals? Um wie vieles mehr sind Sie heute die, die Sie in Wahrheit sind? Ich würde jetzt gern mit Ihnen bei einem Tee sitzen und gemeinsam betrachten, was war und gewesen ist. Und Sie würden in Ihr Coachingbuch schauen und staunen über die Fülle, die Sie niedergeschrieben haben, und zutiefst beeindruckt sein über das, was Sie heute vermögen. Ihre Aufzeichnungen zeigen Ihnen den Beginn, das Werden und das Erfolgen.

Ja, ich bat Sie oft zu schreiben. Und bestand immer wieder darauf, dass geschriebene Worte bedeutsam sind für die Realisierung unserer Ziele. Es würde mich freuen, wollten Sie jetzt etwas von meiner Liebe zur Sprache mitempfinden oder selbst Gefallen an ihr finden. Denn sie ist mit das Größte, das ich Ihnen ans Herz legen möchte. Sie ist weder Tool noch Instrument. Sie ist Sprache.

Stets steht sie uns zu Diensten. Überreich ist ihr Angebot. Zahlreich sind ihre Möglichkeiten. Nehmen wir an, was sie uns bietet, und gestalten mit Worten und Sätzen Klarheit und Wohlklang in dieser Welt. Geben wir ihr ihren Spielraum, ihre Weite und Tiefe und unseren Respekt.

Über sie hören wir uns selbst, wenn wir uns denn zuhören. Wir erfahren über sie, wie wir über uns selbst denken und über unsere Beziehung zur Welt, zum Leben, zur Arbeit, zum Selbstständigsein und zu unseren Erfolgen. Ob wir positiv gestimmt sind und bejahen, was wir geschaffen haben, was wir heute darüber denken und womit wir uns im Weiteren umgeben wollen, sogar ob wir zu uns und unseren Entscheidungen stehen, ja ob wir uns überhaupt entscheiden oder eine mögliche Meinung mit einem Aber gleich wieder boykottieren wollen. Vielleicht greifen wir doch hin und wieder darauf zurück, etwas nicht zu wollen und uns über das Nicht mit dem anderen zu verbinden, weil wir uns, obwohl wir es scheinbar nicht wollen, so vertraut fühlen bei ihm und so vermeintlich sicher. Dies ist noch nicht die letzte Stufe der Verneinung, denn wir könnten sogar etwas eigentlich nicht wollen. Und doch tun wir es?

Was hören Sie heute, wenn Sie sich zuhören? Wo doch heute der Tag Ihres Erfolges ist. Wie sprechen Sie mit sich und dem Ergebnis darüber, dass erfolgt ist, was ist? Anerkennen Ihre Worte all Ihr Denken, Fühlen und Tun auf dem Weg bis hierhin? Schätzen Sie Ihr Ausdauern, Geduldigsein und Vertrauen? Halten Ihre Worte inne und würdigen sie den Moment der Vollendung? Finden Sie Worte für hohes Glück und Glückseligkeit? Oder verstummen Sie im Schweigen stiller Freude? Schweigen kann vernehmbar sein. Es kann sogar laut werden. Es kann aber auch genossen werden und einfach sein. Sogar miteinander. Nichtwortgeberinnen können, weil sie andächtig schweigen, über sich selbst hinaus zu einem Weiteren werden, einem Wir, mit ihrem Erfolg und mit anderen Schweigenden.

Haben Sie die Worte wiedergefunden, können Sie sie erheben auf einen Toast und sich zuprosten mit prickelndem Rebensaft. Vorausgesetzt, Sie möchten mit anderen teilen, was Sie einst gaben und was daraus erfolgte. Ach bitte, tun Sie es! Feiern Sie Ihre Erfolge! Genießen Sie bewusst, was geworden ist. Teilen Sie Ihre Freude mit anderen. Verweilen Sie und würdigen Sie, was jetzt ist. Halten Sie inne! Und hören Sie sich genau zu, während Sie innehalten. Sollten Worte, wenn auch stille in Gedankenform, Ihrem Hiersein vorauseilen und sich zukünftig verankern wollen, dann holen Sie sie zurück. Bleiben Sie! Selbst wenn ein Jetzt wie eine Ewigkeit erscheint.

Es kommt vor, dass Momenten der Erfüllung bereits der Abschied innewohnt. Worte dürfen ehrlich sein. Sie erleichtern es Ihnen, wenn Sie es erlauben. Darf es möglich sein, dass Sie sich sagen hören, Sie seien traurig, dass es jetzt vorbei ist, weil erfüllt? Dass Sie jetzt gar nicht wissen, was Sie tun sollen, weil Sie doch ganz und gar darauf ausgerichtet waren, dieses eine Ziel zu erreichen?

Und ganz natürlich ist nach einer intensiven und vielleicht auch langen Zeit, dass Sie eine Pause brauchen, Urlaub oder einen 24-Stunden-Schlaf. Es kann Ihnen nur guttun, wenn Sie hierfür passende Worte finden. Ihr Assistent wird Sie entlasten. Und Sie machen frei. Bei Erschöpfung hilft eines besonders: Sprachhygiene. Vor allem im Selbstgespräch. Es hat schon seinen Sinn, dass innere Dialoge nur von ihren Produzenten gehört werden. Stellen Sie sich vor ... nur für eine Minute ... jeder könnte jeden hören ...! Diese Anregung ziehe ich sofort zurück. Tun Sie es **nicht!** Und schon ist es passiert. So ist das mit dem Nicht. Sprachhygiene für den inneren und äußeren Dialog ist notwendig bei Erschöpfungszuständen kleinerer und größerer Natur. Achten Sie darauf, dass Ihre Worte das Gute und Schöne bewahren und die Regeneration positiv begleiten. Wertschätzung baut auf, wenn Sie sich schwach fühlen.

Eigentlich könnten Sie experimentieren, sich ein neues Ziel setzen, vorausgesetzt, es will sein. Ich meine Ihre Gesundheit. Ihre Regeneration. Sie könnten sprachliche Achtsamkeit üben. Erlaubt sind alle respektvollen, wohlwollenden, harmonisierenden Worte und Sätze. Stellen Sie sich für die Zeit des Experiments ganz nach eigenem Geschmack ein Potpourri des Wohlklangs zusammen, aus dem Sie großzügig schöpfen können, in dem Sie Worte mit negativen Folgen verkehren können, falls Sie solche aus Ihrem Mund vernehmen.

Im Verlauf der letzten Absätze finden Sie schon einige Vorschläge, die Sie gern für die Zeit des Experiments aus Ihrem Wortschatz streichen können. Es sind die in fetten Buchstaben hervorgehobenen Wörter wie »nicht«, »aber«, »eigentlich«. Auch »würde« gehört zu ihnen. Sprechen Sie außerdem nur im Präsens. Und ziehen Sie nur dann Möglichkeiten in Betracht, wenn Sie etwas wirklich Freudiges erwägen, so wie ich es hier gerade tue, indem ich Ihnen dieses Experiment in Sachen Achtsamkeit und Sprache vorschlage. Mir macht das großen Spaß! Gehen Sie es spielerisch an. Dann ist es leicht. Und viel einfacher. Fragen Sie Ihre Liebsten, ob sie sich beteiligen möchten, für nur drei Tage.

Bitte ersetzen Sie Unwörter wie

- »nicht« mit einer reinen positiven und gegenwärtigen Form,
- »aber« durch ein »und« oder »sowohl als auch«
- und benutzen Sie »würde« nur, wenn Sie Freudiges erwägen. Bei Entscheidungen lassen Sie es einfach weg.

Und streichen Sie »eigentlich« aus Ihrem Wortschatz – es hat ausgedient!

Die Logik des Auswertens

Haben Sie das Experiment überstanden und sich gut erholt oder besser eingeholt, dann wird es Zeit für die Auswertung. Das passende Instrument besitzen Sie bereits. Es ist die SOFT-Analyse. Sammeln Sie in ihr alle Informationen, die Sie haben, und gehen Sie in Bezug auf Ihre Reise zum Erfolg so vor, wie es in der Anleitung zur SOFT-Analyse am Anfang des Buches beschrieben ist. Nachdem Sie die Fakten benannt und das Potenzial in den Schwachstellen erkannt haben, leiten Sie hierfür neue Entscheidungen ab, damit die nächste Wandlung eingeleitet und wirksam werden kann. Damit hätten Sie den sachlichen Aspekt erfüllt.

Meine Bitte ist: Fertigen Sie eine zweite SOFT-Analyse an. Erfassen Sie in ihr alle wichtigen Erkenntnisse und Einsichten, die Sie hinsichtlich des geistigen Gesetzes von Ursache und Wirkung gewonnen haben. Machen Sie eine Bestandsaufnahme vom Zugewinn Ihres Bewusstseins.

- Welche hindernden Haltungen und Handlungen existieren weiterhin?
- Welche Ihrer ehemals hindernden Gewohnheiten konnten Sie ablegen?
- Welche stärkenden Bestands-Einstellungen haben zu positiven Ergebnissen geführt?
- Welche fördernden Handlungsformen konnten Sie anlegen?
- Wie haben sich Neuerungen zur jeweiligen Zeit ausgewirkt?
- Um wie viel Prozent konnten Sie Ihre inneren Programme in Ihrem Eisbergbauch aktualisieren?

Darauf folgen Fragen wie:

- Welches Potenzial liegt noch brach?
- Wie möchten Sie es positiv nutzen?
- Was möchten Sie in der nächsten Runde erreichen?

Und:

- Was war die wichtigste Erkenntnis auf meiner Reise zum Erfolg?

Insbesondere:

- Was hat sich hinter dem sichtbaren Ergebnis in meinen unsichtbaren Bewegungen für mich erfüllt?

- Sowie die wichtigste aller Fragen:

- Was will jetzt sein?

Das Geheimnis des Annehmens

Welche geistige Idee auch immer am Anfang Ihrer Reise stand, jetzt ist sie zur sichtbaren Wahrheit geworden. Alles, was Sie zur Realisierung Ihres Zieles beigetragen haben, ist jetzt um ein Vielfaches zu Ihnen zurückgeflossen. Manchmal konnten Sie die Ihrer Verursachung folgende Wirkung unmittelbar erleben und sie vom selben Adressaten in Empfang nehmen, an den Sie sich zuvor gerichtet hatten. Dann wieder gingen Ihr Engagement, Ihre Botschaften und Sendungen ihre eigenen Wege. Und das Ergebnis kam von anderswoher. Konnten Sie sich sensibilisieren für die leisen Zwischentöne im Akt des Gebens und Empfangens an den vielen kleinen Stationen Ihrer Reise? Haben Sie auch die kleinen Rückflüsse bewusst empfangen?

Annehmen können ist eine Kunst, die sich gern verbreiten möchte in der neuen Welt. Haben wollen gehört dem Gestern an. Wer noch darauf aus ist, tut sich keinen Gefallen. Er macht sich unbeliebt wie unser Aktionist, der Aufträge haben will. Bitte gehen Sie achtsam um mit dem Geben, weil es ein großes Geheimnis birgt. Sie können es wahrnehmen, wenn Sie im Moment des Gebens ganz präsent sind, wie sich das Geben selbst erfüllt, Sie ganz und gar losgelassen haben und fühlen können, was Sie augenblicklich empfangen. Auch dies ist innehalten, verweilen, ganz frei sein. Dann geschieht es. Dann nehmen Sie an. Jetzt und wieder jetzt. Bis zur Erfüllung des Ganzen. So entsteht Dankbarkeit, viele, viele Male. So machen Geben und Empfangen Freude. Weil sie in Wahrheit eins sind.

Auf zur nächsten Runde

»Und jedem Anfang
wohnt ein Zauber inne,
der uns beschützt
und der uns hilft
zu leben.«

(aus dem Gedicht *Stufen*
von Hermann Hesse)

Das Leben ist Bewegung und seine Formen sind vergänglich. So auch die Einheiten, die Menschen mit Zeit berechnen. Selbst die längste Aufbauphase einer Sache ist irgendwann vorbei. Sobald Sie Ihr Ziel erreichen, sobald der erste Erfolg erfolgt, verlangt der Augenblick nach Abschied. In unserem Kulturkreis lehren uns gewöhnliche Anpassungsregeln, dass Abschiede mit Trauer und Schmerz verbunden sind. So wird Leid empfunden, wenn Mütter ihre Kinder ihre eigenen Wege gehen lassen, wenn Erwachsene ihre Kindheit verlieren, wenn Paare sich trennen, Sachen verloren gehen, ein Dienstverhältnis gekündigt wird oder eine langjährige Geschäftsbeziehung endet, wenn wir den Verlust finanzieller Sicherheiten beklagen, wenn von uns geliebte Tiere sterben, wir einen Angehörigen verlieren oder selbst dem Ende unserer physischen Existenz entgegengehen.

Wir leiden, weil wir etwas von uns Gewohntes und Vertrautes hergeben sollen. Mit einer Haltung von Mangel beklagen wir Verlust. Wir suchen nach Schuldigen und Projektionsflächen, auf die wir Schmerz und Aggressionen richten können. Wir können zutiefst verzweifeln. Und jede Emotion, jedes Leid ist legitim. Es ist die vom Betroffenen empfundene Wahrheit. Und es ist ureigenst menschlich, dass wir damit empathisch sind.

Eine verbleibende Leere kann, wenn auch meist in abgeschwächter Form, dann eintreten, wenn ein großes Ziel erreicht wurde. Weil Ziele für Inhalte und Sinn stehen. Mit ihnen füllen wir unseren Geist und vollziehen unsere Taten. Wir füllen auch die Zeit mit ihnen aus. Stehen wir dann vor einem lang ersehnten Ergebnis, kann uns der Sinn des Augenblicks und der Zukunft schon mal verloren gehen. Mit dem Sinn verlieren wir auch die mit ihm verbundene Kraft. Wir fühlen uns schwach und leer.

Darum können Ziele und sinnvolles Tun wie ein guter Zauber wirken und unser Leben schützen.

Doch entzaubern wir uns, sobald wir Ziele erreicht haben?

Was gewinnen Sie hinzu, wenn Sie natürliche Aufbau- und Entwicklungsphasen respektieren? Wenn Sie ihren Höhepunkt genießen und ihre Erfüllung wertschätzen? Ihr Leben ist mit jedem erreichten Ziel reicher geworden. Sie sind glücklich, weil sich etwas erfüllt hat und weil Sie etwas erfüllt haben. Einklang mit der Natur und dem Verlauf der Dinge erzeugt Wohlbefinden und Dankbarkeit. Sie akzeptieren, dass das Leben so ist, wie es ohnehin ist. Sie sind einverstanden. Mit dieser Haltung leben Sie gesünder und sind vorbereitet auf kleine und größere Vergänglichkeiten. Sie wissen, wie heilsam Innehalten ist. Denn Innehalten ist Loslassen. Und wenn Sie loslassen, erlauben Sie dem Leben und seiner Kraft, wieder zu fließen. Und weil Fließen Bewegung ist, kann sich auch Ihr Geist frei bewegen, Ihr Potenzial berühren und neue Impulse initiieren.

Am Anfang vor jeder Verbesserung steht die Akzeptanz. Am Ende steht die Annahme der Erfüllung. Erst dann können Sie Neues empfangen.

Erfolg, Erfolg, Erfolg

Der gesamte Prozess, beginnend bei der Akzeptanz der Ausgangssituation bis hin zur Annahme des erfüllten Ziels, stellt eine Spiralbewegung dar, die im Zentralisierungsmodus verankert ist und in der sich rechts- und linksdrehende Spiralbewegungen im natürlichen Gleichgewicht befinden. Nach heutigem Verständnis fasse ich den Zentralisierungsmodus als eine immerwährende Abfolge von Bewegungen auf, deren Radius sich im natürlichen Fluss lebendiger Energie ins Unendliche gehend erweitert und deren Längenwachstum dem einer Helix folgt.

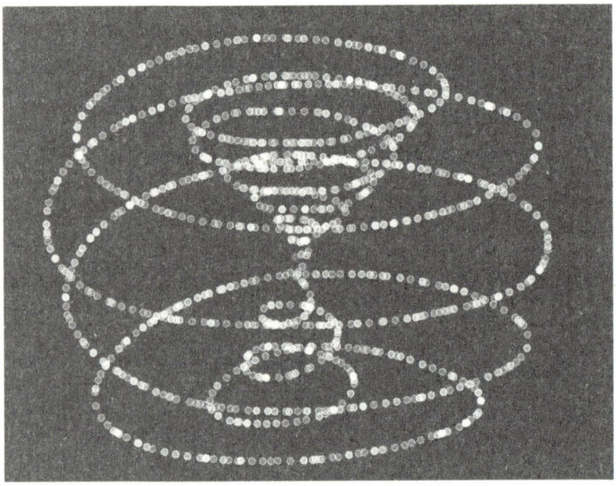

Bitte stellen Sie sich ein auf die natürliche Abfolge dieser Spiralbewegungen. Es ist leichter für Sie, ihnen mit einer offenen Haltung zu begegnen, als sich gegen sie zu wehren. Denn wer sonst als Sie initiiert diese Bewegungen? Wer denkt, fühlt und handelt? Wer unterlässt, verdrängt, macht? Es sind immer Sie!

Da es sich um Spiralbewegungen mit Helixcharakter handelt, erreichen Sie im Kreisverlauf immer wieder dieselben Kreispunkte, allerdings auf der nächsten Ebene und mit einem gewachsenen

Abstand. Die erneute Berührung des auf dem jeweiligen Kreispunkt angesiedelten Themas ist natürlich und gestaltet sich jedes Mal etwas anders. Und irgendwann ist sie nur noch blasse Erinnerung an etwas, das Sie ehemals existenziell forderte und heute längst integriert ist, während Sie jetzt im Vorhof neuer Dimensionen stehen.

Eben weil das Leben Bewegung ist, begegnen Sie der nächsten Runde offen, zugewandt und liebevoll. Denn es geht um Sie, um Ihre ganz persönliche Lebensbewegung. Es geht immer um Ihre Entfaltung und die Erfüllung dessen, was Sie sind.

Und wenn Sie in diesem Karussell innehalten, dreht es sich trotzdem weiter, während Sie es betrachten und dankbar sein können für alles, was sich bis heute erfüllt hat, und zwar exakt auf die Art und Weise, wie Sie es gestaltet haben.

Ich danke Ihnen für die gemeinsame Reise, die Sie und ich mit diesem Buch unternommen haben, und freue mich sehr, dass Sie bis hierhin dabeigeblieben sind. Und ich weiß, dass ich Ihnen und auch mir nähergekommen bin. Wenn Sie sich selbst erlauben konnten, dass die Worte dieses Buches Sie berühren durften, und wenn Sie mitempfinden konnten, dass Sie und ich und alle Leserinnen und Leser auf einer höchst individuellen und doch gemeinsamen Reise unterwegs sind, dann weiß ich, dass Bewusstsein, selbstbestimmtes Handeln und Liebe gewachsen sind und zu außergewöhnlichen Erfolgen führen werden. Hier noch einmal im Präsens und in der ersten Person für Sie und für Herrn Denker: Ich bin außerordentlich erfolgreich!

Wie könnte es anders sein, als dass ich Ihnen in diesem Buch eine letzte Übung anbiete – aus reiner Freude an Beweglichkeit und weil es Ziel dieses Buches ist, dazu beizutragen, dass Sie sich immer und überall gewiss sind, was Ihre Wahrheit ist, und ihr bedingungslos liebend folgen.

Was will jetzt sein?

Schreiben Sie wie immer im 60-Sekunden-Takt, und dann leben Sie aktiv, was Sie notiert haben, damit sein kann, was sein will, damit sein kann, was ist, damit sein kann, was Sie sind.

Denn –
Erfolg
ist
das,
was
folgt
!

Exzerpt und Manifest

zur bewussten Gestaltung von Erfolgen und fürs Selbstständigsein

Ich kann gar nicht anders als erfolgreich sein. Ich war es immer und ich werde es immer sein, so wie jetzt.

Die Dinge fallen nur vom Himmel, wenn ich meine Hände im Spiel habe. Ergebnisse haben Ursachen. Wenn ich B sage, habe ich schon A gesagt.

Vorboten machen Schluss mit Verboten. Sind sie erwacht, verbreiten sie Symptome. So lange, bis ich hinhöre. Vorboten sind hartnäckig. Sie geben niemals auf. Je eher ich mich ihnen zuwende, desto leichter ist es für mich.

Ich pflege das assoziative Schreiben, damit ich mit mir in Verbindung bleibe. Dreimal täglich ein bis drei Seiten sind optimal.

- Jede Bewegung hat ihre Folgen, also ihre Erfolge!
- Erfolg ist das, was folgt!
- Erfolg ist stets das Ergebnis von dem, was ich vorgebe.
- Ich gestalte meine Erfolge mit Bewusstsein.
- Ich prüfe und aktualisiere meine Werte, Erwartungen und Einstellungen.
- Ich höre auf meine Wahrheit und bekenne mich zu ihr.
- Ich kooperiere mit meinem Team Eigensinn, Eigenwille und Eigenbrille.

- Ich fühle, weil ich lebendig bin.
- Ich schreibe dreimal täglich.
- Abschiede gehören dazu, wenn ich wachse.
- Ich vertraue mir.

Zuhörerinnen pflegen innere Dialoge. Weil Lösungen im Herzen wachsen.

Ich beachte drei Wichtigkeiten auf dem Weg:

- Bekenner sein hat Konsequenzen.
- Abschiede gehören zum Wachsen.
- Vertrauen ist mein Verbündeter.

Zur besseren Orientierung kläre ich meinen Standort. Ich denke klar, fühle wahrhaftig und unterscheide deutlich.

An jedem Wegweiser habe ich drei Möglichkeiten: Ich wende mich von mir selbst ab. Ich wende mich mir selbst zu. Ich verhalte mich ambivalent zwischen beiden Polen.

Natur und natürliche Ordnung sind Harmonie. Ein System, das aus sich heraus dafür sorgt, dass Gleichgewicht zwischen positiven und negativen Kräften gegeben ist. Die Natur folgt einer ihr innewohnenden Ordnung, auch in mir.

Persönlichkeitsbildung heute ist unmittelbar mit einem klaren Blick, subtiler Unterscheidungsfähigkeit und einer Verankerung in der eigenen Mitte verbunden.

Das Volle oder die Fülle setzt sich aus fünf Komponenten zusammen:

- die Existenz der individuellen Lebenskraft. Sie steht immer zur Verfügung.
- die Existenz der individuellen Gaben, Talente, Fähigkeiten und Potenziale.
- die individuelle Bereitschaft, sich diesen beiden Gegebenheiten zuzuwenden und sie zu akzeptieren.
- der individuelle Gestaltungswille im Umgang mit den Gegebenheiten.
- die integrative Handlung des Individuums, die alle Komponenten miteinander vereint.

Schöpfen ist die integrative Handlung des Individuums, die alle Komponenten miteinander vereint. Das Schöpfen selbst kann unbewusst sein, wenn der Mensch unreflektiert, jedoch intuitiv wahrhaftig lebt. Es kann halb bewusst sein, wenn der Mensch temporär weiß oder ahnt, was er tut. Und es kann bewusst sein: Dann weiß der Mensch, was er tut.

Wer positive sichtbare Ergebnisse hervorbringt, ist befähigt, unsichtbare Bewegungen zu steuern.

Ich orientiere mich am Zehn-Punkte-Fazit:

1. Mit der Aktualisierung unsichtbarer Bewegungen werden neue Bewegungen initiiert.
2. Diese rufen weitere neue Bewegungen hervor.
3. Neue Bewegungen aktivieren neue Impulse.
4. Mit einer achtsamen Haltung sensibilisiere ich mich für die neuen Impulse.
5. Impulse sind Handlungsempfehlungen, die zu prüfen sind.

6. Sobald ein Impuls geprüft und bestätigt ist, kann die Handlung durchgeführt werden.
7. Das heißt, ich weiß immer, was zu tun ist.
8. Lösungsideen wachsen ganz natürlich auf dem Boden aktualisierter unsichtbarer Bewegungen.
9. Aufrichtig umgesetzte Maßnahmen führen zu nachhaltigen Ergebnissen.
10. Ich bin im Fluss!

Ich beachte die sechs Kriterien von Einklang:

- Einklang ist immer da.
- Er klingt und schwingt.
- Darum ist er hörbar.
- Und er sendet aus bzw. ruft.
- Das heißt, ich kann ihm in Schwingung, Klang, Ton folgen,
- indem ich auf einzigartige Weise mitschwinge, mich einklinge und eigene Präsenz einbringe.

Ich beachte die vier Voraussetzungen dafür, Teil eines Einklangs sein zu können:

- Haltung: Zuwendung
- Geste: Hand aufs Herz
- Gefühl: Wahrnehmung, das Wahre (an)nehmen
- Vibration: zuhören, mitschwingen. (Sensibilisierung mithilfe eines Instruments, hier Triangel und Schlägel)

Im Selbstständigsein sind sechs unternehmerische Stationen von Einklang relevant:

- intern: Inhaber und Mitarbeiter
- extrovertiert: Produkt und Dienstleistung als Träger und Mittler

- kommunikativ: zwischen Unternehmen und Kunde bzw. Markt
- extern: Kunde erlebt Einklang durch das Produkt
- exponentiell: Kunde wird zum Stammkunden und Empfehler
- integrativ: führt zu guter stabiler Auftragslage

Der Wille ist Feuerstelle der Leidenschaft!
Mein Ziel ist der Wille als Bekenntnis zur Wahrheit.
Der Wille ist das erste Element von Entschlossenheit.
Die Qualität des Willens ist das Feuer.
Damit Feuer brennen kann, benötigt es Zuwendung und Versorgung.
Fehlt eins oder beides, erlischt es.
Wird es zu stark geschürt, verzehrt es sich.
In der Mitte von Wärmen und Sich-Verzehren liegt die leidenschaftliche Form des Feuers.
Leidenschaftliches Feuer balanciere ich mit dem Herzen aus.
Wer die reine Flamme sucht, wird sie finden.
Wer entschlossen auf die Reinform des Feuers blickt, kann schwaches oder sich verzehrendes Feuer veredeln.
Veredelung erzeugt einen klaren Geist und eindeutige Taten.

Nur das, was ich bin, kann ich geben.

Vertrauen ist gegeben, wenn ich Vertrauen bin, statt es zu haben. Mir selbst vertrauen hat Priorität. Es geht immer ums Selbst!

Stets ist es der Geist, der die Materie formt und füllt. Daher führen unsichtbare Bewegungen zu sichtbaren Ergebnissen und innere Haltungen zu äußeren Handlungen. Was ich nähre, das wächst. Ich nähre jeden Schritt mit Lebenskraft. Nur das, was ich nähre, kann wachsen.

Wenn ich gebe, was ich zu geben habe, entwickle und pflege ich gleichzeitig den darin enthaltenen Segen des Empfangens. Dann weiß ich, wer ich bin und was ich zu geben habe. Dann bin ich bereit zu geben, mich zu zeigen und zu empfangen.

Die Wichtigkeiten meines Lebens sind gleichzeitig Sinnstifter, Gelegenheiten für Freude und Räume der Liebe.

Wenn ich aufs Ganze gehe, bringe ich mich als ganze Person in alle Lebensbereiche als Ganzes ein.

Wenn ich die 3-P- und die SMART-Formel in Kombination anwende – und sie mit den gesamten Inhalten dieses Buches verbinde –, habe ich die Königinnendisziplin im Umgang mit Zeit in meinem persönlichen Selbstmanagement auf dem Weg zu meinen ureigensten Erfolgen erreicht. Mit diesem Tag beginnt mein neues Leben. Ich bin bewusste Gestalterin meiner Realität und Mitgestalterin der neuen Welt von heute und von morgen.

Meine Erfolge würdige ich auch im bewussten Umgang mit Sprache. Ich ersetze

- »nicht« mit einer reinen positiven, bejahenden und gegenwärtigen Form,
- »aber« durch ein »und« oder »sowohl als auch«
- und verwende »würde« nur, wenn ich Freudiges erwäge. Bei Entscheidungen lasse ich es weg.

Das Wort »eigentlich« streiche ich aus meinem Wortschatz – es hat ausgedient!

Ich übe mich darin, achtsam, vorbehaltlos und gegenwärtig mir selbst, dem Neuen und dem Fremden zu begegnen, persönliche und unternehmerische Ziele respektvoll, wertschätzend und würdevoll umzusetzen und die Inhalte meiner Lebens- und Unternehmensführung lebenserhaltend und lebensfördernd anzulegen.

Am Anfang einer jeden Verbesserung steht die Akzeptanz. Am Ende steht die Annahme der Erfüllung. Ist beides gegeben, bin ich frei, Neues zu empfangen und Neues zu geben.

Appell

Ich appelliere an alle Frauen dieser Erde, an alle Gründerinnen dieser Welt, an alle bereits etablierten Unternehmerinnen und selbstständigen Frauen, die aus eigener Kraft und Liebe bereits sind, wer sie sind, und dies immer auch deshalb sein können, weil schon andere vor ihnen und vor uns waren, die den Weg bereitet haben. Und ich wende mich insbesondere an alle Berliner Frauen, Gründerinnen, Unternehmerinnen und letztlich an alle Menschen dieser Erde.

Ich appelliere an alle Frauen und Männer, die erfolgreich im Sinne dieses Buches sein möchten. Sie, als Leserin und Leser, haben jetzt Teil an dieser Weisheit und sind selbst Teil eines Wissens und Teil einer Gemeinschaft geworden, die sich nicht mehr hinter Unwissenheit verstecken kann, sondern aufrecht und selbstbewusst in die individuelle Freiheit hineinwachsen, aus ihr schöpfen und das Leben selbstständig gestalten kann. Aufrechtsein geht mit Selbstständigsein einher. Sind Sie und ich uns seiner bewusst und leben danach, dann sind wir beides. Dann sind Selbstständigsein und Erfolge Wissen geworden und damit tiefe Verbindlichkeit uns selbst gegenüber und unerschöpfliche Quelle unserer Existenz.

Selbstständigsein ist der natürliche Zustand des Menschen.
Selbstständige hören auf sich.
Und Erfolg ist das, was folgt!

Epilog

Als eine Idee auf Reisen ging

Es war einmal ein Tag, an dem eine Idee Ihren Geist berührte. Sie hatte sich auf einen langen Weg begeben vom Herzen hinauf in die Chefinnenetage. Unterwegs lernte sie allerlei Gefährten kennen, doch die drei Boten namens Eigenwille, Eigensinn und Eigenbrille begleiteten sie seit ihrer Begegnung als treue Freunde. Auch mit Herrn Denker wurde sie bekannt und lernte ihn fürchten und schätzen. Selbst vor Herrn Zweifel machte sie nicht halt. Durch ihre Unerschütterlichkeit traf sie bald darauf das Vertrauen. So kehrte Ihre Idee nach vielen, vielen Tagen zurück in die Herzetage. Denn dort erwarteten Sie sie schon. Sie saßen auf dem goldenen Stuhl und schrieben im 60-Sekunden-Takt in ein geheimes Buch. Hier zeigte Ihnen Ihre Idee ihre schönsten Gesichter, offenbarte sich in voller Farbenpracht und ließ Sie beglückende Gefühle empfinden. Als sich dann die Gewissheit hinzugesellte, ging alles ganz schnell. Entschlossen brachten Sie den Willen, die Absicht, das Vertrauen und den Mut zusammen und begannen, konkrete Pläne zu schmieden. Von nun an gingen Stunde um Stunde, Tag für Tag und Jahr für Jahr Ihre Gedanken, Ihre Gefühle und Ihre Taten in der Gestaltung Ihrer Idee auf. Sie sollte die schönste sein unter den Himmeln und die würdevollste in ihrer Vollendung. Als der Tag nahte, an dem das Werk vollkommen war, erkannten Sie, dass Sie selbst es waren, die diesem Werk Initiation und Leben schenkten und sich selbst wiederfanden in der Weisheit seiner Erfüllung. Seitdem ist stille Freude mit Ihnen und Sie empfinden tiefe Dankbarkeit. Sie halten inne.

Sie verweilen. Sie wissen, dass Ihr Leben jetzt reicher und voller geworden ist. Und jede Erfüllung ist auch ein Abschied vom Werden. Weil nun ist, was sein wollte. Und weil dem Abschied ein nächster Anfang innewohnt. Doch das ist eine neue Geschichte.

Wie Sie Ihre Toolbox füllen

Hier sind alle Tools, Übungen und Modelle übersichtlich und alphabetisch zusammengestellt, damit Sie jederzeit mit ihnen arbeiten können. Bitte greifen Sie zu! Machen Sie sich die Tools zu eigen und erweitern damit den Bestand in Ihrer Box. Beginnen heißt gewinnen!

Vorausschau aus dem Jetzt, Seite 179 f.
3-P-Formel, Seite 194 ff.

Über die Downloads können Sie verfügen, sobald Sie sich auf meiner Website in der Liste »Buch-LeserIn« registriert haben.

TEIL 3

Glossar

Aktionsradius Bewegungsfreiheit und Handlungsspielraum des Individuums im Raum. Meist auch im Kontext von Zeit.

Anpassungsmodus Außenorientierung. Das Individuum identifiziert sich mit dem Spiel, stellt die Orientierung an äußeren Regeln über eigene innere Wahrheiten und will vorgegebene Spielregeln erfüllen. Es reagiert mehr, als es agiert. Sein Programmcode ist: »Ich muss!«

Assoziatives Schreiben Schreiben jenseits von Nachdenken, schreiben, was intuitiv abrufbar ist. Im Buch wird empfohlen, thematisch ausgerichtet im 60-Sekunden-Takt zu schreiben, siehe gehirngerechtes Arbeiten nach Vera F. Birkenbihl. Ihr zufolge ist das Wichtigste in 60 Sekunden abrufbar. Erster Vertiefungsgrad in der zweiten Runde. Zweiter Vertiefungsgrad in der dritten Runde. Erreicht wird ein naher Kontakt mit dem Unterbewussten.

Balanced Scorecard Ausbalancierte Punktekarte, ein Controllinginstrument. Die BSC hat ihren Ursprung in der Studie von David P. Norton und Robert S. Kaplan. Hier vereinfachte Version für Soloselbstständige.

Beobachter Unsichtbare, geistige, zentrale, individuelle, unterscheidende Präsenz. Kann Denken, Fühlen und Handeln beobachten. Auch »der Zuschauer« genannt in der Bhagavad Gita.

Dualität *dualis* = zwei enthaltend, hier: die Zweiheit.

Eisberg Symbolhafte Veranschaulichung der Relation von sichtbaren Ergebnissen und unsichtbaren Bewegungen. In Anlehnung an die Persönlichkeitstheorie von Sigmund Freud und an das Pareto-Prinzip nach Vilfredo Pareto.

Freiheit/Frei sein Im Einklang mit sich selbst und der inneren Wahrheit agieren. Selbst denken, fühlen und handeln.

Fehler Definitionen von »Fehler« unterliegen ethischen und moralischen Interpretationen des jeweiligen Zeitgeistes und einer individuell bewertenden Haltung.

Gehirnwellen Via EEG messbare und in Wellenbänder kategorisierte Frequenzbereiche der Gehirnströme.

Geistiges Herz Umgangssprachliche Redewendung. Hier Schnittstelle von vertikaler und horizontaler Körperachse. Koordinationsstelle von Bewegung in Zeit und Raum. Kontaktstelle zur individuellen Wahrheit.

Goldener Stuhl Hier der Ort der Ruhe und der eigene Raum, von dem aus mit dem geistigen Herzen oder dem Selbst und der inneren Wahrheit kommuniziert wird. Auch symbolischer Platz für den inneren Dialog.

Frau Eigenbrille Steht hier für den aus Selbst- und Wahrheitsbezug resultierenden klaren Blick auf sich selbst und auf die Welt. Sie wirkt stärkend und klärend und ist Teil des Vorboten-Teams.

Herzetage Symbolischer Ort innerhalb eines Unternehmens, eines Systems oder einer Person; hier wird der innere Dialog geführt.

Herr Denker Symbolisiert den Verstand. Er nimmt hier seinen Platz als Assistent der Chefin in der Chefinnenetage ein. Herr Denker ist jedoch weisungsgebunden.

Herr Eigensinn Steht für die aus Selbstbezug resultierende sinnliche Wahrnehmung der eigenen Wahrheit. Wirkt im Auftrag des Selbst, ist Motivator für selbstbezogenen Ausdruck und Teil des Vorboten-Teams.

Herr Eigenwille Steht für den aus Selbst- und Wahrheitsbezug resultierenden Willen als Voraussetzung für authentisches Denken, Fühlen und Handeln. Wirkt als Motivator und ist Teil des Vorboten-Teams.

Innere Programme Denk- und Empfindungsstrukturen, die zu Handlungsmustern führen, wie Prägungen, Glaubenssätze, Werte, Einstellungen, Haltungen, Erwartungen, Erfahrungen, Gewohnheiten. Innere Programme werden hier auch synonym als »unsichtbare Bewegungen« bezeichnet.

Innerer Dialog Das Selbstgespräch, das selten ruht und das auf Anpassung oder Zentralisierung basieren kann.

Intuition Verbindung mit der individuellen Wahrheit und Weisheit, die bewusst, halb bewusst oder unbewusst wahrgenommen wird und in der Regel zu entsprechenden Handlungen führt.
Umgangssprachlich als »Bauchgefühl« bezeichnet.

KaWa Akronym von Vera F. Birkenbihl: Kreativ – Analograffiti – Wort – Assoziativ.

Katatonie Anspannungszustand von Kopf bis Fuß, wird auch als »Erstarrung« bezeichnet. Katatonie hat außerdem einen Platz als psychomotorisches Syndrom in verschiedenen Krankheitsbildern.

Kreativraum Geistige und physische Produktionsstätte von Ideen, Produkten, Dienstleistungen und Werken.

Lemniskate Liegende Acht. Zeichen für Unendlichkeit und Vollkommenheit. Duale Perspektive. Zeichen dafür, dass es zwischen zwei Feldern fließen kann. Steht hier symbolisch für die Einheit von Kreativraum und wirtschaftlicher Existenz.

Mitspielerin Sich selbst in der Dualität entzweien, sich mit ihr identifizieren. In der Regel unbewusst mitspielen.

Pareto-Prinzip Eine auf Vilfredo Pareto zurückgehende 80-zu-20-Methode für die Darstellung von Aufwand und Ertrag. Das Pareto-Prinzip findet heute Anwendung in vielfältigen Analogien.

Physisches Herz Zentrale Pumpstation für das Blut des Körpersystems.

Polarität Hier das komplementäre Verhältnis der Gegensatzpaare auf einer Werteskala von negativ bis positiv.

Selbst Hier die individuelle geistige Präsenz.

Sichtbare Ergebnisse Alles, was das physische Auge sehen kann und was zu Ihrem Leben oder Unternehmen gehört.

SMART-Formel Managementinstrument zur Konkretisierung von Zielen und verbindlichen Zielvereinbarungen. Akronym für Specific, Measurable, Attainable, Relevant, Time-bound.

SOFT-Analyse Die SOFT-Analyse wird als Abwandlung der SWOT-Analyse angewandt und zählt mit ihr zu den wichtigsten Controlling-Instrumenten. Das Akronym SOFT steht für Satisfactions, Opportunities, Faults, Threats.

Solarplexus Sonnengeflecht zwischen Atem- und Bauchraum. Kann als Magen-/Bauchgefühl bei Beziehungsthemen wahrgenommen werden.

Spielfeld Geistiger und physischer Ort, an dem sich Menschen aufhalten und dort nach bestimmten Regeln miteinander interagieren.

Spielregeln Regeln, die an einem Ort oder in einem System gelten.

Systemisch Der systematische Ansatz sieht stets den Einzelnen auch im Kontext seiner geistigen und physischen Umgebung und berücksichtigt die daraus resultierende wechselseitige Beeinflussung.

Tellerrand Symbolische Grenze bisheriger Handlungen und Schwelle zu neuen Möglichkeiten. Der Sprung vom Tellerrand ist das Wagnis ins Unbekannte.

Unsichtbare Bewegungen Denken und Fühlen, Ideen, Ablauf von inneren Programmen wie Werten, Einstellungen, Haltungen, Erwartungen, Erfahrungen, Gewohnheiten und Glaubensmustern. Hier auch als »innere Programme« bezeichnet.

Vorboten, Vorboten-Team Herr Eigensinn, Herr Eigenwille und Frau Eigenbrille als personifizierte Persönlichkeitsanteile. Sie agieren einzeln und gemeinsam im Vorboten-Team.

Wirtschaftliche Existenz Hier finanzielle Existenzgrundlage, geistiger und physischer Ort von Angebot und Nachfrage, der Kunden, des Marktes, des Geldes, der Wertschätzung.

Zentralisierungsmodus Selbstbezug. Das Individuum respektiert das Spiel und die Spielregeln. Es agiert jedoch selbstbezogen. Seine Programmcodes sind »Ich bin« und »Ich will!«.

3-P Instrument zur Entscheidungsfindung nach Brian Tracy. 3-P = persönlich, positiv, im Präsens

Quellennachweise

alphabet
Drehbuch: Sabine Kriechbaum und Erwin Wagenhofer
Regie: Erwin Wagenhofer
DVD, Pandora Filmverleih (Alive AG), 2014

Kaplan, S. Robert und Norton, P. David: *Balanced Scorecard.* Verlag Schäffer-Poeschel, 1997.
http://de.wikipedia.org/wiki/Balanced_Scorecard

Bhagavad Gita. Verlag dem Wahren – Schönen – Guten, 1982.

http://de.wikipedia.org/wiki/Eisbergmodell

http://de.wikipedia.org/wiki/Elektroenzephalografie

Vera F. Birkenbihl: *Das große Analograffiti-Buch: Ein Trainingsprogramm.* Verlag Junfermann, 2002.
https://www.youtube.com/watch?v=oibe5kpKBgY&spfreload=10

Klang des Herzens
Autoren: Paul Nick Castle und James V. Hart
Regie: Kirsten Sheridan
DVD, Verlag Universum Film, 2008

Johann Wolfgang von Goethe: *Das Märchen von der grünen Schlange und der schönen Lilie.* Verlag Freies Geistesleben, 2011

Doran, G. T.: There's a S.M.A.R.T. way to write management's goals and objectives. *Management Review*, Vol. 70 (1981), Ausgabe 11(AMA FORUM), S. 35 f.
http://de.wikipedia.org/wiki/SMART_(Projektmanagement)

http://www.wirtschaftslexikon24.com/d/soft-analyse/soft-analyse.htm

http://de.wikipedia.org/wiki/SWOT-Analyse

Hermann Hesse: *Ausgewählte Gedichte*. Bibliothek Suhrkamp, 1972.

Hippokrates von Kos: *Temperamentenlehre*. Verlag Philipp Reclam jun., 1994.
http://de.wikipedia.org/wiki/Hippokrates_von_Kos
http://de.wikipedia.org/wiki/Galenos
http://de.wikipedia.org/wiki/Temperamentenlehre

Ovid: *Remedia amoris*. Verlag Philipp Reclam jun., 2011.

http://de.wikipedia.org/wiki/Paretoprinzip
http://de.wikipedia.org/wiki/Vilfredo_Pareto

http://de.wikipedia.org/wiki/Die_Tänzerin

Antoine de Saint-Exupéry: *Der kleine Prinz*. Anaconda Verlag, 2015

Brian Tracy: *Ziele: Setzen, Verfolgen, Erreichen*. Verlag Campus, 2004.

Danksagung

Ich sage zutiefst Danke
an das Leben, die Liebe und das Jetzt.

Ich sage von Herzen und mit großer Freude Danke
an meinen Agenten Dr. Andreas Gößling für das zeitlich und inhaltlich perfekte Zusammenspiel von Angebot und Nachfrage zu diesem Buch und die heitere Leichtigkeit während der Zusammenarbeit.

an Bettina Traub, Programmdirektorin des Ariston Verlags, für ihre beeindruckende Offenheit und Begeisterung für den Inhalt dieses Buches.

an meine Ansprechpartnerin und Lektorin im Verlag, Michaela Ruis, die unermüdlich zwischen den Perspektiven von Verlag und Autorin vermittelt hat.

an meine Freundin und zweitschärfste Kritikerin, Uta Dudzinski, die mich und dieses Buchprojekt mit mahnendem Geist und unbeirrbarer Bestärkung begleitet hat.

an meine Tochter Freya Windt für ihre einzigartig fordernde und fördernde Präsenz im rechten Augenblick.

an meinen Sohn Caspar Sautermeister für die intensiven Gespräche über die Authentizitätsprozesse seiner Generation.

an meine Freundin Clara Welten für den inspirierenden Austausch über lebendiges Schreiben und das schreibende Leben als Schriftstellerin.

an die Protagonistinnen und Protagonisten und ihre Einwilligung zur Veröffentlichung der Geschichten aus einer wundervollen und wertschätzenden Zusammenarbeit.

an alle Mandantinnen, Mandanten und Coachees für ihre Bereitschaft, vertrauensvoll in einen glasklaren Spiegel zu blicken, sich darin selbst zu begegnen und mutig jeden Tag einen Schritt weiter zu gehen in ihrem ureigensten Selbstständigsein auf dem Weg zu ihren ureigensten Erfolgen.

Wie es weitergeht

Wenn Sie es wie ich wünschen, setzen wir die gemeinsame Reise fort. Das kann Ihr Coaching sein, Ihr Besuch auf meiner Website oder eine Verlinkung über die sozialen Medien. Gern sende ich Ihnen das MAGAZIN zum Selbstständigsein zu. Darin erfahren Sie von interessanten Neuigkeiten, werden über aktuelle Veranstaltungen informiert und können sich durch bewegende Inhalte inspirieren lassen.

Ich lade Sie ausdrücklich ein, mir zu schreiben, und bin gespannt darauf, was Sie mir von Ihrem persönlichen Umgang mit den Inhalten dieses Buches und von Ihren Erfahrungen und Beispielen berichten. Erzählen Sie mir von Ihren Erfolgen!

Besonders freue ich mich auf persönliche Begegnungen. Vielleicht bei einer Lesung?

Ganz im Sinne dieses Buches wünsche ich Ihnen eine erfolgreiche und erfüllende Zeit!

Bis bald – Ihre Brigitte Windt

Brigitte Windt
Alt-Moabit 84 a
10555 Berlin
www.brigitte-windt-consulting.com
www.brigitte-windt.com
bw@brigitte-windt-consulting.com